Der Gang
der qualitativen Analyse

Für Chemiker und Pharmazeuten

bearbeitet von

Dr. Ferdinand Henrich
Professor an der Universität Erlangen

Mit 4 Textfiguren

Springer-Verlag Berlin Heidelberg GmbH
1919

Alle Rechte, insbesondere das der Übersetzung in
fremde Sprachen, vorbehalten.

Copyright 1919 by Springer-Verlag Berlin Heidelberg
Ursprünglich erschienen bei Julius Springer in Berlin 1919

ISBN 978-3-662-42304-2   ISBN 978-3-662-42573-2 (eBook)
DOI 10.1007/978-3-662-42573-2

Vorwort.

Der vorliegende Analysengang soll im Anschluß an Bücher wie Volhards „Anleitung zur qualitativen chemischen Analyse"[1]), Riesenfelds „Anorganisch-chemisches Praktikum"[2]) u. a. Einführungen in die chemische Analyse benutzt werden. Er verfolgt zweierlei Zweck. Einerseits soll er den Gang der Analyse zusammenhängend so darstellen, daß der Studierende in dieser Zeit des Mangels an Unterrichtsassistenten mit weniger Hilfe auskommt als bisher. Andererseits soll er guten Erfahrungen den Weg bahnen, die Verf. beim praktischen Unterricht in der analytischen Chemie gemacht hat. Das betrifft vor allem die Vorproben. Daß sie zur Ausbildung des Chemikers unbedingt nötig sind, darüber herrscht wohl kein Zweifel. Stellen sie doch den Weg dar, nach dem der erfahrene Chemiker sich stets zuerst über den Charakter einer Substanz orientiert. Außerdem schärfen und üben sie die Beobachtungsgabe und das chemische Gefühl. Ihr Zweck ist es, heutzutage den Chemiker schnell über die Eigenart einer Substanz zu unterrichten. Darum sind hier alle zeitraubenden Operationen möglichst gemieden. Vor allem empfehle ich für die Vorprüfung auf Schwefel (Heparreaktion) und Metalle das Bunsensche Kohle-Sodastäbchen, durch das man rascher und erheblich billiger als durch das Lötrohr zum Ziele gelangt, denn es ist dazu nur ein abgebranntes (nicht imprägniertes) Streichhölzchen und krystallisierte Soda nötig. Nach meinen Erfahrungen wird die Herstellung eines Kohle-Sodastäbchens nach der hier ausführlicher beschriebenen Form leicht und rasch von den Studierenden erlernt. Die Heparreaktion gibt es zudem rascher und besser als eine mehr Übung erfordernde analoge Lötrohrprobe. Selbst bei Komplikationen nehmen die Vorproben nach dem hier beschriebenen Gang nicht mehr als 10—20 Minuten in Anspruch. Über ihre Empfindlichkeit habe ich besondere Versuche anstellen lassen, deren Resultat jedesmal mitgeteilt ist.

Auch andere von mir im Unterricht erprobte Einzelheiten, wie die getrennte Erkennung mehrerer Säuren bei ein und derselben Vorprobe mit konz. Schwefelsäure u. a., wird man in diesem Büchlein finden. Es sei auch darauf hingewiesen, daß die Übersichten über die in Königswasser unlöslichen Substanzen, über die Säuren u. a. sich in der hier gegebenen Anordnung leicht merken lassen, so daß sie ohne mechanisches Auswendiglernen gleichsam in organischer Entwicklung aus dem Gedächtnis abgeleitet werden können.

Erlangen, im Februar 1919.

F. Henrich.

---

[1]) 14. veränderte Aufl. besorgt von W. Prandtl, 1914.
[2]) 3. Aufl. Leipzig, S. Hirzel, 1913.

Inhaltsverzeichnis.

	Seite
Vorproben	1
I. Verhalten der festen Substanz in der nichtleuchtenden Bunsenflamme	1
II. Verhalten beim Erhitzen im einseitig geschlossenen Rohr	3
IIIa. Das Verhalten der Substanz beim Erhitzen mit Kohle und Soda	4
IIIb. Lötrohrproben	6
IVa. Das Verhalten beim Erhitzen in der Phosphorsalz- oder Boraxperle	7
IVb. Das Verhalten beim Erhitzen in der Oxydations- und Reduktionsflamme	7
V. Das Verhalten gegen konz. Schwefelsäure	7
Der nasse Weg	8
A. Prüfung auf Metalle (Kationen)	8
B. Prüfung auf Säuren (Anionen)	22
Anhang	36

Vorproben.

(Verwende dazu, wenn nicht anders angegeben, fein gepulverte, gut durchgemischte Substanz.)

Wenn der Chemiker eine Substanz zu untersuchen hat, so muß er zuerst ihr Verhalten beim Erhitzen feststellen, und zwar

I. Das Verhalten im offenen Feuer (Bunsenflamme).
II. Das Verhalten beim Erhitzen im einseitig geschlossenen Röhrchen.
III. Das Verhalten beim Erhitzen mit Kohle und Soda (Reduktion am Kohle-Sodastäbchen oder vor dem Lötrohr auf Kohle).
IV. Das Verhalten beim Erhitzen in der Phosphorsalz- oder Boraxperle (besonders bei farbigen Substanzen und Silicaten).
V. Das Verhalten gegen konz. Schwefelsäure.

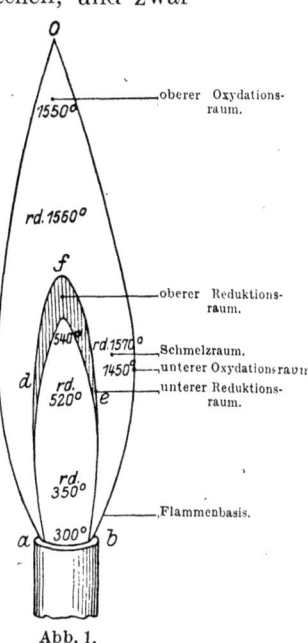

Abb. 1.

Hierdurch kann man rasch einen Aufschluß über den allgemeinen Charakter der Substanz und ihre Hauptbestandteile erhalten. Dann erst bringt man die Substanz in Lösung (resp. schließt sie auf) und führt die Analyse auf „nassem Wege" durch.

I. Verhalten der festen Substanz in der nichtleuchtenden Bunsenflamme. (Abb. 1.)

Versuch:	Beobachtung:
Glühe das Ende eines dünnen, mit Schlinge versehenen *Platindrahts*[1]) oder	1. Die Substanz färbt die Bunsenflamme:
	a) Rot: **Ca** (gelbrot), **Sr, Li** (carminrot).

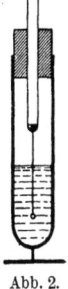

Abb. 2.

[1]) Weniger gut Platin- oder anderen Spatel. Den Platindraht bewahrt man am besten in Kork fest eingesteckt in einem Reagensrohr mit verd. HCl von beistehender Form auf (Abb. 2). Dann ist der Draht jedesmal nach ganz kurzem Ausglühen gebrauchsfähig. Falls nach dem Gebrauch Krusten von Substanz am Platindraht haften, so entfernt man sie mechanisch durch Zerdrücken und taucht dann erst in die Salzsäure.

eines *Magnesiastäbchens*[1]) *in* der nicht leuchtenden *Bunsenflamme* so lange *aus*, bis diese nicht mehr gefärbt wird. *Tauche* dann das ausgeglühte Ende erst in Wasser oder besser Salzsäure, dann *in Probesubstanz und erhitze* erst vorsichtig, dann stärker in der nichtleuchtenden Bunsenflamme. Es können einzelne von den Fällen 1, 2, 3 oder 4 eintreten:

Im Spektralapparat[2]) kann man meist sofort erkennen, welche dieser Elemente vorliegen.

b) Stark gelb: **Na** (schwache Gelbfärbung tritt beim Erhitzen aller Körper auf). Betrachte die Flamme durch ein dickeres blaues Glas[3]): Die Gelbfärbung verschwindet ganz oder zum Teil. Erscheint die Flamme jetzt rotviolett, so ist **K** anwesend (s. Spektralapparat).

c) Grün: **Ba** (fahlgrün) Spektralapparat; **Borsäure, Kupferhalogenide (Tl)**.

d) Violett: **K** (Spektralapparat). Durch blaues Glas betrachtet erscheint die Flamme rotviolett.

e) Fahlblau: **As**-, **Sb**-Verbindungen; **Pb**-Halogenide.

2. Die Substanz schmilzt: Salze der Alkalien.

3. Die Substanz leuchtet:
   a) mit weißem Lichte: alkalische Erden und Erden.
   b) mit gelbgrünem Lichte: **ZnO**.
   c) m. gelbem Lichte: SnO_2, Sb_2O_3.

4. Die Substanz verbrennt oder verglüht: Organische Substanzen.

---

[1]) S. Wedekind, Ber. **45**, 382 (1912).

[2]) Im Spektralapparat orientiert man sich nach der stets auftretenden gelben **Na**-Linie

Ca hat links davon eine rote, rechts davon eine grüne Linie.

Sr zeigt mehrere rote, eine starke orangegelbe, links nahe an der Na-Linie und eine blaue Linie.

Li zeigt eine rote Linie.

Ba zeigt bes. mehrere grüne Linien oder Banden.

Tl hat eine grüne Linie.

K zeigt eine rote (weiter von Na abliegend als Li) und violette Linien (letztere schwerer zu sehen).

NB. Der Anfänger stelle die Lage der Linien dieser Elemente auf der Skala fest, der Geübte erkennt die Spektren ohne Skala. — Statt die Substanzen mit dem Platindraht zu verdampfen, kann man auch einen Beckmannschen oder Riesenfeldschen Brenner (s. Riesenfeld, Anorgan. chem. Praktikum 3. Aufl., S. 85) verwenden.

[3]) Die blauen Gläser dürfen gelbes Na-Licht nicht durchlassen. Gut eignen sich die sogen. Hochofengläser, die zur Beobachtung der Hitze im Hochofen dienen. Man eicht sie am besten durch künstliche Mischungen von NaCl und KCl. Mit guten Gläsern läßt sich nach Versuchen, die Herr Kratzer auf meine Veranlassung anstellte, Kalium in Mischung von 1 Tl. KCl und 10 Tln. NaCl für ein geübtes Auge noch erkennen.

II. Verhalten beim Erhitzen im einseitig geschlossenen Rohr.

Versuch:
Bringe eine kleine Messerspitze voll *Substanz in ein Reagens- oder Glühröhrchen*[1]) *und erhitze* in der nichtleuchtenden Bunsenflamme erst schwach, dann stärker. Es können die Fälle 1—6 eintreten:

Beobachtung:
1. Es entweicht Wasser evtl. unter Knistern und setzt sich am kalten Teil an:
  a) wenig Wasser: Feuchtigkeit,
  b) viel Wasser: Krystall- oder Konstitutionswasser.
  Man entfernt das Wasser durch ein um einen dünnen Glasstab gewickeltes Filtrierpapier und erhitzt dann stärker.
2. Die Substanz **sublimiert**: NH_4-, Hg-, As-, (Sb-), S-Verbindungen. Nun *überschichtet* man eine neue Probe *Substanz mit trockener Soda*[2]) *im Glühröhrchen, entwässert* vorsichtig *und glüht* dann stark:
  Geruch nach NH_3: NH_4-Salze,
  grauer bis weißer Metallring: Hg (beim Reiben des Spiegels mit Glasstab entstehen Hg-Tröpfchen)[3]),
  glänzend schwarzer Spiegel: As[4]) (in NaOCl löslich), Sb (in NaOCl unlöslich).
3. Die Substanz **zersetzt sich** unter Gas- und Dampfentwicklung (Riechen, Anzünden event. glimmenden Span einstecken, feuchtes Lackmuspapier vorhalten, durch Gasentbindungsrohr in Barytwasser einleiten).
  a) Die Dämpfe **riechen**:
    SO_2 von sauren Sulfiten, manchen Sulfiden und Sulfaten.
    Essigsäure von Acetaten.
    NH_3 von manchen NH_4-Verbindungen wie Phosphorsalz.
    $(CN)_2$ stechend, brennt angezündet mit pfirsichblütenfarbiger Flamme von Cyaniden wie $Hg(CN)_2$.
  b) Die Dämpfe sind **farbig**:
    gelb bis rotbraun: N_2O_3 und NO_2 aus Nitriten und Nitraten.
    gelb: Br aus manchen Br-Verbindungen.
    violett: J aus manchen J-Verbindungen.
  c) Die Dämpfe sind **farblos**:
    O_2 (entflammt glimm. Span) aus Super-

---

[1]) Ein Glühröhrchen ist ein einseitig zugespitztes und geschlossenes Röhrchen aus schwer schmelzbarem Glas von ca. 0,7 bis 0,8 cm Gesamtdicke und 10—12 cm Länge:

Abb. 3.

[2]) Besser noch ist bei As-Verbb. ein Gemisch von 1 Tl. calcin. Soda + 1 Tl. KCN.

[3]) Nach Versuchen von Herrn Kratzer kann man so mit Soda 0,01 g Hg in 0,06 g Substanzgemisch noch deutlich erkennen.

[4]) Hier ist die Empfindlichkeit naturgemäß beim Erhitzen mit Soda und Cyankalium größer. — Hg und As können so auch nebeneinander erkannt werden.

oxyden, Chloraten (Bromaten, Jodaten), Nitraten, Nitriten, HgO, Ag_2O.
CO (brennt mit bläulicher Flamme) aus Oxalaten.
CO_2 (trübt Barytwasser) aus Bicarbonaten, Carbonaten und Oxalaten.
4. Die Substanz **verkohlt** und riecht dann brenzlig: **Organische Substanzen.**
5. Die Substanz bleibt unverändert oder schmilzt ohne Zersetzung: Silicate, Oxyde und Salze der Erdalkalien und Alkalien.

IIIa. Das Verhalten der Substanz beim Erhitzen mit Kohle und Soda
(Kohle-Sodastäbchen oder Lötrohr vor der Kohle).

Versuch:

Stelle ein Kohle-Sodastäbchen her[1]) *und erhitze die Substanz daran.* Mit ein

Beobachtung:

1. *Der obere geglühte Teil des Kohle-Sodastäbchens wird mit wenigen Tropfen Wasser auf eine mit* Wasser und einem Kreidestück blank gescheuerte

---

[1]) Herstellung eines Kohle-Sodastäbchens: *Auf den* gereinigten, ebenen *Deckel eines Pulverglases,* s. Abb. 4 *(oder auf eine Glasplatte) bringt man* einige linsen- bis erbsengroße Körner *krystallisierter Soda* (ca. $^1/_2$—$^2/_3$ g) *und schmilzt sie* in der aus der Figur 4 ersichtlichen Weise *in ihrem Krystallwasser. In der so entstehenden konzentrierten Sodalösung wälzt man* den hinteren Teil

Abb. 4.

eines *nicht imprägnierten Streichhölzchens* oder anderen ähnlichen Holzstäbchens auf etwa 2 ccm Länge von der Spitze an *so lange, bis es allseitig* (besonders auch die Spitze) *mit Sodalösung bedeckt ist. Nun führt man es unter* fortwährendem schnellen *Drehen* um seine Achse und gleichzeitigem, raschem Hin- und Herbewegen *in die Flamme eines Bunsenbrenners* so lange ein, *bis die Soda als weiße Kruste* auf dem Hölzchen *sichtbar wird.* Das Hölzchen darf dabei nicht zu brennen oder zu glimmen anfangen. *Nun* wird die Soda auf dem Glasdeckel

und demselben Kohle-Sodastäbchen macht man die folgenden 3 Versuche:

Silbermünze gebracht: **stark brauner Fleck (Heparreaktion)** deutet auf **S** von Sulfaten, Sulfiten, Thiosulfaten, Sulfiden (schwache Bräunung kann vom Schwefelgehalt des Eisens herrühren).

2. *Bringe das Stäbchen mit wenigen Tropfen Wasser* vom Silberstück *in eine kleine Reibschale* (am besten dunkle Achatschale), *zerdrücke es mit dem Pistill und fahre mit* der Spitze eines stark *magnetischen Messers*[1]) in der zerdrückten Masse *herum. Entferne das Wasser* an der Messerspitze *mit Löschpapier und trockne durch* ganz *gelindes Erwärmen* über einer kleinen Flamme. Es bleiben haften: **Fe, Ni, Co.** (Man kann nun das Hängengebliebene auf einem Uhrglas in einigen Tropfen HNO_3 (1:1) lösen, die Lösung einengen und einen Tropfen mit $K_4Fe(CN)_6$-Lösung versetzen: Blaufärbung: **Fe**; einen anderen Tropfen versetzt man mit KOH und Br-Wasser: schwarzer Niederschlag: **Co, Ni.**)

3. *Schlämme* durch vorsichtiges Aufgießen von Wasser aus der Spritzflasche *die Kohleteilchen ab*, gieße das Wasser vorsichtig ab *und betrachte den Boden der Schale*:
   a) weiße dehnbare Metallscheiben: **Ag, Pb, Sn** (Ag und Pb lösen sich in HNO_3, Sn gibt damit weißes Oxyd),
   b) weiße spröde Metallflitter: **Sb** und **Bi**,
   c) rote schwammige Metallmasse (schlecht sichtbar): **Cu.**

---

nochmals geschmolzen und *das Hölzchen nochmals ausgiebig in der Sodalauge gewälzt*, um die noch von Soda freien Lücken zu bedecken. Wieder wird es durch schnelles Drehen und Hin- und Herfahren in der Bunsenflamme *getrocknet*. Nachdem es *nun* am oberen Ende lückenlos mit Soda bedeckt ist, *hält man es* etwa 1—1$^1/_2$ cm lang *in den heißesten Teil der* nichtleuchtenden *Bunsenflamme* und dreht es ganz langsam *bis die Sodakruste schmilzt*. Sollte das Hölzchen dabei zu brennen oder stark zu glimmen anfangen, so muß man diese Stelle vorsichtig (damit es nicht abbricht) in die Sodalösung tauchen und dann weiter erhitzen. Wenn die geschmolzene Soda den oberen verkohlten Teil des Hölzchens als Glasur umgibt, ist es zum Gebrauche fertig.

Man bringt nun eine kleine Menge Substanz (etwa doppelt soviel wie ein großer Stecknadelkopf) *auf den Glasdeckel*, legt direkt dahinter einen kleinen Sodakrystall, schmelzt diesen, befeuchtet *das Holzstäbchen* damit und streift damit vorsichtig (nicht drücken) die Substanz vom Glasdeckel ab. Nun erhitzt man erst unter Drehen, bis das darauf Gebrachte trocken ist, und dann *so lange* im heißesten Teil der Bunsenflamme, *bis heftiges Aufwallen stattfindet*. Nun verfährt man sukzessive nach 1., 2., 3. oben. Man übe sich ein an einigen Blindversuchen und an einem Substanzgemisch, das S, Fe und Pb enthält.

[1]) Man führt beide Seiten der Klinge eines Messers eine Zeitlang in einer Richtung (nicht Hin- und Herfahren) über den gleichen Magnetpol und hat die Klinge dann für längere Zeit magnetisch gemacht.

IIIb. Lötrohrproben.

Versuch:
Bringe eine kleine Messerspitze voll *Substanz auf ein Stück Holzkohle und erhitze vorsichtig mit dem Lötrohr* (kann III a gemacht werden, falls III a gemacht ist):

Beobachtung:

1. Ohne Soda.
a) Es verpufft: Nitrate, Nitrite, Chlorate, Bromate, Jodate.
b) Es blähen sich auf: Borate, Alaun.
c) Es schmelzen und sickern in die Kohle: Salze der Alkalien und einige alkalische Erden.
d) Es leuchten resp. färben sich:
   α) mit weißem Lichte: alkalische Erden und deren Salze,
   β) mit gelbem Lichte: SnO_2, Sb_2O_3,
   γ) mit gelbgrünem Lichte: ZnO,
   δ) braun: PbO, Bi_2O_3, HgO.
e) Es entstehen Beschläge: siehe 2.

2. Mit Soda (ca. 3fache Menge calcin. Soda in der Reduktionsflamme).
a) Beschlag ohne Metallkorn:
   α) weiß: **ZnO** (Hitzegelb), **As_2O_3** weiß (weitfliegend, Knoblauchgeruch),
   β) braun: **CdO**.
b) Beschlag mit Metallkorn:
   α) weißer Beschlag: **Sb** (bläulicher Saum), Metallkorn weiß u. spröde,
   β) gelber Beschlag: **Pb** (weißer Saum), Metallkorn weiß und duktil,
   γ) braungelber Beschlag: **Bi**, Metallkorn weiß und spröde.
c) Metallkorn ohne Beschlag:
   α) weißes Metall: **Ag, Sn** (geringer Beschlag), **Fe**,
   β) gelbes Metall: **Au** duktil,
   γ) rotes Metall: **Cu** (schwammig, zusammengesintert),
   δ) Graue Flitter: **Fe, Co, Ni** (magnetisch).
d) grüne unschmelzbare Masse: Cr_2O_3 und viele Verbindungen des Cr.
e) Heparreaktion: **S** (Se, Te).

3. Bleibt eine weiße ungeschmolzene Masse auf der Kohle, so betupft man sie mit verd. $Co(NO_3)_2$-Lösung und glüht stark in der Oxydationsflamme.

Grüne Masse (Schlacke) Rinnmannsgrün.
ZnO
SnO_2
Sb_2O_3

Blaue Gläser oder Schlacken:
phosphorsaures ⎫
borsaures   ⎬ Alkali.
kieselsaures   ⎭

Fleischrote Masse.
MgO fleischfarbig.

Blaue unschmelzbare Massen:
Al_2O_3 Thénardsblau: $Al=O$
phosphorsaure ⎫
borsaure   ⎬ Erden $Al=O-Co-O-Al=O$
kieselsaure   ⎭

Violette Massen:
phosphorsaures ⎫ Mg.
arsensaures   ⎭

IVa. Das Verhalten beim Erhitzen in der Phosphorsalz- oder Boraxperle.

Versuch:
Stelle am Platindraht oder Magnesiastäbchen eine *Phosphorsalz-* (*oder Borax-*) *perle her* und *bringe* heiß ein *wenig Substanz daran* (am besten ein Körnchen) *und erhitze* zuerst in der Oxydationsflamme:

Beobachtung:
Gelb bis braun (Oxydationsflamme): beim Erkalten erblassend: **Fe**, **Ni**.
Grün: **Cr**, **Fe** (in der Reduktionsflamme).
Blau (Oxydationsflamme): **Co**, **Cu** (Co bleibt auch in der Reduktionsflamme blau, **Cu** wird dabei rot).
Violett (Oxydationsflamme): **Mn** (verblaßt in der Reduktionsflamme).
Dunkelrot: **Cu** in der Reduktionsflamme besonders nach Zusatz von etwas Zinnchlorür.
Grau: **Ni** in der Reduktionsflamme.
Skelett in Phosphorsalzperle: SiO_2.

IV b.

Erhitze die mit etwas Substanz beschickte Phosphorsalzperle zuerst in der Oxydations- und dann einige Zeit in der Reduktionsflamme:

	Oxydationsflamme.	Reduktionsflamme.
Fe	in der Hitze gelb oder braun (stark gesättigt) violett, in der Kälte verblassend.	In der Hitze gelb oder violett, beim Erkalten grünlich oder farblos werdend, grau undurchsichtig,
Ni	wie Fe,	blau,
Co	blau,	farblos,
Mn	violett,	grün,
Cr	grün,	rot bis braunrot undurchsichtig (am besten nach Zusatz von etwas $SnCl_2$).
Cu	blaugrün bis blau.	

V. Verhalten gegen konz. Schwefelsäure.

Versuch:
Bringe eine Messerspitze voll *Substanz in* ein kleines *Reagensrohr und übergieße mit 3—4 ccm reiner konz.* H_2SO_4. (Wenn nicht sofort eine Gasentwicklung erfolgt, so erhitze bis zum Kochen.) Es können entstehen:

Beobachtung:
a) Farblose Gase oder Dämpfe.
Geruchlos: O_2, CO, CO_2.
Riechend: HCl, HCN, HF, SO_2, H_2S, Essigsäure.
O_2 (glimmender Span): Superoxyde, Chromate, Permanganate (Vorsicht!).
CO (brennt blau): Oxalate, komplexe Cyanide (beide erst beim Erhitzen).
CO_2 (trübt Barytwasser): Carbonate (Kälte), Oxalate (stark erhitzen).
HCl (erstickend riechend, an Luft rauchend): Chloride (Kälte); *gib Braunstein*[1]) und mehr Substanz *zu und erwärme*: Chlorgeruch.
HF (stechend riechend, an der Luft rauchend): Fluoride; *mische* SiO_2 (Sand) *zu, erhitze und halte* Tropfen *Wasser* am Glasstab *über die Dämpfe*: Trübung des Wassertropfens.
HCN (nach bittern Mandeln riechend): Cyanide.
SO_2 (nach brennendem Schwefel riechend): Sul-

---

[1]) Wenn mehrere, die Perlen färbende Elemente vorhanden sind, können die Färbungen verdeckt werden.
[1]) Oder anderes Superoxyd.

fite, Thiosulfate (letztere unter gleichzeitiger Abscheidung von S).

H_2S (nach faulen Eiern riechend, feuchtes Bleipapier schwärzend): Sulfide.

NB. Bei Gegenwart reduzierender Substanzen können die SO_2 und H_2S auch von der konz. H_2SO_4 herrühren. Bei solchem Verdacht wiederholt man den Versuch mit Salzsäure.

Essigsäure: *Setze Alkohol zu und koche.* Geruch nach Essigester: Acetate.

b) Farbige Gase oder Dämpfe.

Gelbbraun rauchend: **Br** (+ HBr) aus Bromiden. *Setze Braunstein zu und erwärme.* Stärke, am feuchten Ende eines Glasstabes eingeführt, wird gelb (Unterschied von N_2O_3 und NO_2).

Rot bis rotbraun: N_2O_3 und **NO_2** aus Nitriten und Nitraten (bei letzteren erst nach starkem Erhitzen; Nitrite geben sofort rote Dämpfe).

Gelb knatternd evtl. explodierend: **ClO_2** aus Chloraten (Vorsicht!).

Gelbgrün: Cl_2 aus Chloriden bei Gegenwart von Oxydationsmitteln.

Violett: Jod aus Jodiden.

NB. Manche Säuren, wie Oxalsäure, HNO_3, $H_4Fe(CN)_6$, reagieren erst beim starken Erhitzen mit der konz H_2SO_4, Halogenide, Carbonate, Sulfite, Nitrite u. a. dagegen momentan. Man kann durch gelindes Erwärmen oft die Säuren der letzteren vertreiben und durch starkes Erhitzen dann noch die ersteren Säuren nachweisen[1]).

Der nasse Weg.

A. Prüfung auf Metalle (Kationen).

Auflösung und Aufschließung der Substanz. Bevor man zur Auflösung der Substanz schreitet, ist es zweckmäßig, zu wissen, ob die Substanz Ferro-Ferricyanwasserstoffsäure, Flußsäure, Kieselsäure und auch Borsäure enthält. Hat man sie bei den Vorproben nicht oder nicht mit Sicherheit feststellen können, so ist es empfehlenswert, noch besonders darauf zu prüfen, weil sonst unliebsame Störungen im Analysengang vorkommen können.

---

[1]) So fand Herr Kratzer, daß man mit 0,1 g eines Gemisches von 0,9 g NaCl und 1 g krist. Oxalsäure nach Vertreibung der HCl durch gelindes Erwärmen, die Oxalsäure durch starkes Erhitzen leicht durch die CO-Flamme nachweisen kann. 0,05—0,1 g einer Mischung von 0,9 g NaCl und 0,3 g Oxalsäure analog behandelt, lassen die Anwesenheit der Oxalsäure durch die heftige Gasentwicklung und CO_2-Nachweis noch deutlich erkennen.

0,1—0,2 g einer Mischung von 1,1 g Na_2CO_3 und 0,25 g KNO_3 gaben nach der Austreibung der CO_2 durch starkes Erhitzen noch deutlich rote Dämpfe.

Auch Essigsäure läßt sich neben HCl analog leicht nachweisen.

Prüfung auf Ferro- und Ferricyanwasserstoffsäure: *Man kocht* eine Messerspitze voll *Substanz* einige Minuten *mit Natronlauge* oder Sodalösung, *filtriert, säuert an* und *teilt* die Flüssigkeit *in zwei Teile. Zum einen gibt man Eisenchlorid-, zum anderen Eisenvitriollösung. Ein tiefblauer Niederschlag* im einen oder in beiden Fällen deutet auf Anwesenheit komplexer Cyansäuren. — Ist Ferro- oder Ferricyanwasserstoff vorhanden, so muß man sie mit konz. H_2SO_4 zerstören, um die Analyse auf nassem Wege sachgemäß durchführen zu können: *Man gibt die* zur Analyse notwendige *Substanz*menge in eine *Porzellanschale,* setzt 20—30 Tropfen *konz. Schwefelsäure zu, erwärmt* erst gelinde, dann stärker *und raucht die Schwefelsäure* auf dem Sand- oder Luftbade *ab. Den Rückstand erhitzt man mit konz. Salzsäure, verdünnt* mit heißem Wasser, *kocht, filtriert* und hat nun eine zur Analyse passende Lösung (ein evtl. verbleibender Rückstand muß wie unten angegeben untersucht werden).

Prüfung auf Flußsäure[1]): Ätzprobe: *Man überzieht ein Uhrglas durch vorsichtiges Erwärmen und Überstreichen mit Wachs mit einer dünnen Wachsschicht* und *ritzt* nach dem Erkalten des Wachses einen *Buchstaben* oder ein Zeichen *in das Wachs*. Das so vorgerichtete *Uhrglas decke man auf* einen *Platintiegel, in dem die Substanz mit konz. H_2SO_4 übergossen wurde*. Man *erhitzt* den Boden des Tiegels *gelinde* (damit das Wachs nicht schmilzt) *und lasse 10—15 Min. stehen*. Nun *nehme* man das *Uhrglas ab, erwärme* es *und wische mit Filtrierpapier das Wachs ab.* Zeigen sich die Buchstaben oder Zeichen auf dem Glas, so ist Fluorwasserstoff vorhanden.

NB. Meist genügt es auch, die Substanz (2—3 Messerspitzen voll) in einem unten völlig durchsichtigen Reagensrohr mit konz. H_2SO_4 zu erhitzen, 10—15 Min. lang stehen zu lassen und dann das Reagensrohr auszuspülen und zu trocknen. Ist es an der Stelle geätzt, wo sich die Reaktionsmischung befand, so enthält die Substanz Fluorwasserstoff.

Um das Fluor zu entfernen, *verrührt* man die zur Analyse dienende Menge *mit konz. H_2SO_4 in* einem *Platintiegel, erhitzt* erst gelinde, bis sich kein Gas mehr entwickelt, *und raucht* dann die Schwefelsäure *ab* (Abzug). Den *Rückstand nimmt man mit etwas konz. Salzsäure auf, verdünnt* mit Wasser, *kocht* und *filtriert*. Die so erhaltene Lösung kann direkt zur Analyse auf nassem Wege dienen.

Prüfung auf Kieselsäure: Ein Körnchen Substanz in der Phosphorsalzperle erhitzt, gibt ein Skelett, wenn Kieselsäure vorhanden ist. Wenn diese Probe bei pulverförmiger Substanz versagt oder undeutlich ist, so *mischt man* etwa 0,1 g *Substanz mit ca. 0,2 g CaF_2 in* einem *schmalen Platintiegel, gibt* einige Kubikzentimeter *konz. H_2SO_4 zu, erwärmt gelinde, während man* einen *Wassertropfen* an einem Glasstabe oder besser am Tiegeldeckel *über die Flüssigkeit hält.* Trübt sich der Tropfen, so ist SiO_2 anwesend.

---
[1]) Vorprobe mit konz. H_2SO_4 S. 7.

Zur Entfernung der Kieselsäure *übergießt* man die *Substanz* in einem Platintiegel *mit* überschüssiger *Fluorwasserstoffsäure, gibt* 10—20 Tropfen *konz. Schwefelsäure zu, dampft* erst auf dem Wasserbade *ein* und *raucht* dann die Schwefelsäure *ab*. Den *Rückstand nimmt man mit konz. Salzsäure* auf, *verdünnt* mit Wasser, *kocht* und *filtriert*. Die Lösung dient zur Analyse (ein Rückstand muß wie unten angegeben untersucht werden).

Prüfung auf Borsäure: a) *Man mische* eine Probe *Substanz* im Reagenzrohr innig *mit konz. H_2SO_4, erwärme* gelinde, *gebe* einige Kubikzentimeter *Methyl- oder Äthylalkohol zu*, koche und *zünde an*: eine *grün gesäumte Flamme* deutet auf *Borsäure*. Durch öfteres Eindampfen der schwefelsauren Flüssigkeit mit Alkohol kann man die Borsäure verflüchtigen. Wenn sie in größerer Menge vorhanden ist, scheidet sich die Hauptmenge fest ab und kann abfiltriert werden.

Oxalsäure und Phosphorsäure, die ebenfalls den Gang der Analyse störend beeinflussen, werden später (s. S. 16 und 17) entfernt.

Organische Substanzen müssen vor der Auflösung zerstört werden durch offenes Glühen der Substanz oder durch Oxydation derselben mit rauchender HNO_3, $KClO_3$ + HCl u. a., weil sie mit Fe, Cr, Al komplexe Verbindungen geben, die durch $(NH_4)_2S$ nicht gefällt werden. —

Um die Zerlegung einer Substanz in ihre metallischen Bestandteile auf nassem Wege durchzuführen, muß man die *Substanz in Lösung* bringen. Zu diesem Zweck macht man zuerst **Vorversuche:** *Man erhitzt* kleine Mengen *Substanz* im Reagenzrohr einige Minuten lang evtl. unter Ersatz des verdampfenden Wassers *mit* folgenden Lösungsmitteln: 1. *Wasser* (einige cc), löst sie sich darin nicht oder nicht völlig, so gibt man 2. zu dieser Mischung von Substanz und Wasser, erst wenig, dann mehr *konz. Salzsäure* zu und kocht weiter. Analog verfährt man 3. mit *Salpetersäure*, und wenn auch darin keine völlige Lösung zu bewirken ist, so erhitzt man 4. mit *Königswasser* (Gemisch von 1 Tl. konz. HNO_3 und 3 Tln. konz. Salzsäure). Hat man ein Lösungsmittel für die Substanz gefunden, so löst man die für die Analyse notwendige Menge ($1/2$—1 g) darin auf und verfährt nach S. 12 ff.

Löst sich eine Substanz nicht oder nur teilweise in den genannten Lösungsmitteln, so hat man im letzteren Fall zwei Analysen, die des löslichen Teils, S. 12 ff., und die des unlöslichen Teils, auszuführen oder man muß die ganze Substanz aufschließen.

Unlöslich in Königswasser sind folgende Verbindungen (in dieser Reihenfolge leicht zu merken):

Halogenide: **AgCl, AgBr, AgJ; CaF$_2$**.

Sulfate und Chromate: **SrSO$_4$** (nicht völlig unlösl.), **BaSO$_4$**; **PbSO$_4$** (nicht völlig unlösl.); **PbCrO$_4$**.

Sesquioxyde: stark geglühtes **Fe$_2$O$_3$, Cr$_2$O$_3$, Al$_2$O$_3$; Cr$_2$O$_3$-FeO** (Chromeisenstein).

Dioxyde: SiO_2 (und viele Silicate); SnO_2.

Cyanide: **AgCN** und **komplexe Cyanide** wie $Cu_2Fe(CN)_6$; $Fe_4[Fe(CN)_6]_3$ (Berlinerblau) u. a.

Elemente: roter **P, S** (brennen); **Si, B, C** (verglimmen beim Erhitzen).

Um festzustellen, welche dieser Körper im unlöslichen Rückstand vorhanden sind, macht man mit dem Unlöslichen folgende Vorversuche:

1. **Erhitzen am Pt-Draht oder Mg-Stäbchen** (am besten erst einige Zeit in der Reduktions-, dann in der Oxydationsflamme, evtl. nach vorherigem Anfeuchten mit Salzsäure): Sr (rote Flamme), Ba (fahlgrüne Flamme), P, S, C usw. (verbrennen resp. verglimmen).
2. **Kohle-Sodastäbchen**: S (Heparr.); Ag, Pb, Sn.
3. **Phosphorsalzperle**: SiO_2 (Silicate); Cr, Fe.
4. **Konz. H_2SO_4**: F, CN als HCN und CO.
5. **Prüfung auf komplexe Cyanide**: Man kocht eine Probe des „Unlöslichen" einige Zeit mit verd. Natronlauge, filtriert, säuert an und verfährt wie oben S. 9 angegeben.

Nachdem man so festgestellt hat, welche obiger Verbindungen im „Unlöslichen" vorhanden sind, kann man sie nötigenfalls **folgendermaßen aufschließen:**

AgCl, AgBr, AgJ
: entweder: durch *Zusammenschmelzen mit der ca. 4fachen Menge trockener Soda*. *Zieht* man die *Schmelze* nach dem Erkalten *mit Wasser aus*, so geht Na-Halogenid mit überschüssiger Soda in Lösung, während met. *Ag* zurückbleibt, das sich *in HNO_3 auflöst*,
  oder: durch *Schüttel mit Zn + verd. H_2SO_4*, wobei *Halogenwasserstoff in Lösung* geht und met. *Ag* sich flockig *abscheidet*, das sich in HNO_3 leicht auflöst.

CaF_2: durch *Mischen mit 2—3 ccm konz. H_2SO_4*, gelindem *Erhitzen und* darauf folgendem *Abrauchen* der Schwefelsäure.

$SrSO_4$, $BaSO_4$, $PbSO_4$
: durch *Schmelzen mit der etwa 4fachen Menge trockener Soda* und *Ausziehen mit Wasser* nach dem Erkalten. Die zurückbleibenden *Carbonate lösen sich in Säuren* auf.
  NB. *$PbSO_4$ löst sich* im Gegensatz zu $SrSO_4$ und $BaSO_4$ *in einer mit überschüssigem Ammoniak versetzten Lösung von Weinsäure oder Essigsäure* (sogen. basisch weinsaur. od. essigsaurem Ammonium) auf.

Al_2O_3, Cr_2O_3, Fe_2O_3: durch *längeres Schmelzen mit* der 8—10fachen Menge *$KHSO_4$*, wobei lösliche Sulfate entstehen.

Cr_2O_3: auch durch *Schmelzen mit etwa der 4fachen Menge eines* innigen *Gemenges von 1 Tl. Soda und 3 Tln. Salpeter*, wobei gelbes lösliches Alkalichromat entsteht.

SiO_2 und Silicate
{ entweder: durch *Schmelzen mit der 4—5fachen Menge wasserfreier Soda* in einem Platingefäß, wobei lösl. Na-Silicat entsteht. Man *zersetzt* die aufgeschlossene Masse *mit Salzsäure, dampft ein,* dampft noch mehrmals mit konz. Salzsäure zur Trockne, *wodurch unlösliches SiO_2 entsteht,* dann gibt man verd. HCl zu, erwärmt und filtriert; im Filtrat finden sich die anderen Bestandteile, oder: Man *erhitzt mit überschüssiger Flußsäure und wenig konz. H_2SO_4* im Platintiegel (Abzug!), wobei sich das Si als SiF_4 verflüchtigt. Man *raucht* nun die *Schwefelsäure ab* und *löst* den *Rückstand in Salzsäure.*

SnO_2 durch *Schmelzen mit der 5fachen Menge eines innigen Gemisches von 2 Tln. Schwefel und 1 Tl. trockener Soda* bis der Schwefel abgebrannt ist (ca. $1/4$ Stunde). Mit heißem Wasser kann man dann Na_2SnS_3 (Na-Sulfostannat) aus der Schmelze ausziehen.

Cyanide und komplexe Cyanide werden durch *Erhitzen mit konz. H_2SO_4, Abrauchen* der überschüssigen *Schwefelsäure* und *Lösen des Rückstandes in wenig konz. Salzsäure* aufgeschlossen (s. oben S. 9), wobei das störende Cyan in Kohlenoxyd verwandelt wird, das entweicht.

Metalle und Metallegierungen *behandelt man,* sofern sie sich nicht in Salzsäure lösen, *mit Salpetersäure sp. = 1,2* (etwa 1 Vol. konz. $HNO_3 + 1$—$1\frac{1}{2}$ Vol. H_2O). Unverändert bleiben dabei Au und Pt. Sb und Sn verwandeln sich in Antimonsäure (H_3SbO_4) und Zinnsäure (H_4SnO_4), die sich als weiße, unlösliche Massen abscheiden. Alle übrigen Metalle werden als salpetersaure Salze gelöst.

Der Gang des nassen Weges.
(Sukzessive Abscheidung der Elemente in Gruppen.)

Hat man die Substanz in Lösung gebracht, so muß man einen *Überschuß an Säure* (bes. Königswasser) durch Eindampfen auf dem Drahtnetz oder Abkochen in einem größeren Reagensrohr möglichst *entfernen und* dann *die Lösung so mit Wasser verdünnen,* daß sich nicht mehr als 3 Prozent Säure in ihr befinden[1]). Aus einer solchen Lösung kann man die Elemente in Gruppen nacheinander dadurch abscheiden, daß man gewisse Reagenzien: **HCl, H_2S, $(NH_4)_2S$, $(NH_4)_2CO_3$** (die sog. **Gruppenreagenzien**) sukzessive zusetzt. Das erste Gruppenreagens HCl kann natürlich nur dann in Frage kommen, wenn eine Lösung der Substanz in Wasser oder HNO_3 vorliegt. Hat man die Substanz in HCl oder Königswasser gelöst, so kommt sogleich das zweite Gruppenreagens H_2S zur Einwirkung. Jedesmal wenn durch ein Gruppenreagens ein Niederschlag entsteht, wird es natürlich abfiltriert, ehe das weitere

---
[1]) Weil sonst gewisse Sulfide, besonders CdS, nicht völlig ausfallen.

Prüfung auf Metalle.

Gruppenreagens hinzukommt. Das Filtrat des Schwefelwasserstoffniederschlages muß vor dem Zusatz von $(NH_4)_2S$ ammoniakalisch gemacht und mit Chlorammoniumlösung versetzt werden. Das Filtrat vom Schwefelammoniumniederschlag muß vor der Zugabe von $(NH_4)_2CO_3$ erst angesäuert und so lange gekocht werden, bis sich der Schwefel filtrierbar zusammen ballt. Das Filtrat davon macht man ammoniakalisch und setzt nach gelindem Erwärmen $(NH_4)_2CO_3$ zu. Es werden also gefällt:

mit Salzsäure . . . . . **Gruppe I:** $AgCl$, $HgCl$, $PbCl_2$.

mit H_2S in saurer Lösung **Gruppe II:** $\begin{cases} HgS, PbS, Bi_2S_3, CuS, CdS; \\ As_2S_3, Sb_2S_3, Sb_2S_5, SnS, SnS_2. \end{cases}$

mit $(NH_4)_2S$ in ammonia-kalischer Flüssigkeit . **Gruppe III:** $\begin{cases} CoS, NiS, FeS, MnS, ZnS; \\ CrO_3H_3, AlO_3H_3. \end{cases}$

mit $(NH_4)_2CO_3$ . . . . . **Gruppe IV:** $CaCO_3$, $SrCO_3$, $BaCO_3$.

Nicht gefällt werden durch die Gruppenreagenzien (bei Gegenwart von Ammonsalzen): Mg, K, Na. Sie finden sich also im Filtrat des Ammoniumcarbonatniederschlages.

Gruppe I (Salzsäuregruppe).

Man versetzt die erwärmte Lösung der Substanz in Wasser oder Salpetersäure so lange *mit verdünnter Salzsäure*, als noch ein Niederschlag oder eine Trübung entsteht. Man *filtriert* ihn und *wäscht* ihn *mit wenig kaltem Wasser* (etwa 1 Filter voll) *aus*:

Niederschlag (I): $AgCl + HgCl + PbCl_2$. Man wäscht ihn von neuem auf dem Filter *so lange mit kochend heißem Wasser aus, bis das Filtrat mit* Schwefelsäure und Alkohol keine Fällung mehr gibt:

Rückstand (II): $AgCl + HgCl$ *wird* auf dem Filter *mit verd. Ammoniak übergossen* und dies Ammoniak nach dem Durchlaufen mehrfach wieder aufgegossen.

Rückstand (III):
$Hg{<}^{Cl}_{NH_2} + Hg.$
Charakterist. durch seine schwarze Farbe. Evtl. trockene *Probe* auf einer porösen Tonscherbe, *mische mit Soda + KCN im Glühröhrchen, erhitze erst vorsichtig unter Entfernung des Wassers und dann stärker: Metallspiegel,* der sich zu Tröpfchen zusammenrollen läßt: *Hg.*

Filtrat (III):
$[Ag(NH_3)_2]^{\cdot}$ gibt *beim Ansäuern mit verd. HNO_3* weißes *AgCl.*

Filtrat (II): $PbCl_2$ resp. $Pb^{..}$. $PbCl_2$ krystallisiert beim Einengen in weißen Nadeln aus. Die Lösung gibt:
1. mit $K_2Cr_2O_7$ *gelbes $PbCrO_4$ unlöslich i. Essigsäure.*
2. *Mit verdünnter H_2SO_4 weißes $PbSO_4$, löslich in Natronlauge u. einer Lösung von Weinsäure i. überschüssigem Ammoniak.*

Filtrat (I) *wird eingedampft, mit Salzsäure aufgenommen und nach S. 14 mit H_2S behandelt.*

Gruppe II (Schwefelwasserstoffgruppe).

Das *Filtrat (I) von Gruppe I* oder die Lösung der ursprünglichen Substanz in Salzsäure oder Königswasser *wird so weit verdünnt, daß* die Gesamtlösung *nicht mehr als 3 Prozent Säure enthält*[1]). Sollte sich dabei ein weißer Niederschlag abscheiden (basisches Sb- oder Bi-Salz), so schadet das nichts. Dann wird *zum Kochen erhitzt und etwa* $^1\!/_4$ *Stunde* lang *Schwefelwasserstoff* in langsamem Strome *eingeleitet*. Nun *filtriert* man den Niederschlag ab, *verdünnt das Filtrat mit etwa der Hälfte seines Volumens Wasser, erhitzt wieder zum Sieden und leitet von neuem etwa* $^1\!/_4$ *Stunde* H_2S *ein*. Entsteht noch ein Niederschlag, so kommt er zum ersten dazu. Das Filtrat wird nach S. 16 oder 18 weiterbehandelt.

Der Schwefelwasserstoffniederschlag kann enthalten: **HgS, PbS, Bi$_2$S$_3$, CuS, CdS; As$_2$S$_3$, Sb$_2$S$_3$, Sb$_2$S$_5$, SnS, SnS$_2$.** Er *wird* mit etwa 100 ccm Wasser *ausgewaschen und* dann öfters *mit der gleichen Portion gelbem Schwefelammonium*[2]) *behandelt*, das man 3—4mal immer wieder auf das Filter gießt und durchlaufen läßt. Zuletzt gießt man einigemal eine Portion frisches Schwefelammonium über den Niederschlag auf dem Filter:

Rückstand (I): HgS, PbS, Bi$_2$S$_3$, CuS, CdS *wird mit* 50—100 ccm etwas Schwefelammonium enthaltendem Wasser *ausgewaschen*, in Porzellanschale abgeklatscht *und* dann *mit etwa* 5—10 ccm *eines Gemisches von 1 Tl. konz.* HNO_3 *und 1 Tl. Wasser* einige Minuten lang *gekocht, filtriert und ausgewaschen* =

Filtrat (II) enthält Pb$\cdot\cdot$, Bi$\cdot\cdot\cdot$, Cu$\cdot\cdot$, Cd$\cdot\cdot$. *Man versetzt mit* 3—5 ccm *verdünnter* H_2SO_4, *kocht auf ein ganz kleines Volumen ein* (bis weiße Dämpfe auftreten), *nimmt* nach Erkalten *mit wenig Wasser auf, filtriert und wäscht* mit etwas verdünnter H_2SO_4 aus:

Rückstand (II): HgS + S + evtl. etwas PbSO$_4$.

Man trocknet eine Probe des Niederschlags auf einem Stückchen porösem Porzellans (Tonteller), vermischt sie mit wasserfreier Soda, entwässert u. erhitzt dann stark: Quecksilber-

Rückstand (III): PbSO$_4$.

Eine Probe wird am Kohle-Sodastäbchen zu Pb (duktiles Metallkorn) reduziert.

Den Rest löst man in basisch wein-

Filtrat (III): Bi$\cdot\cdot\cdot$, Cu$\cdot\cdot$, Cd$\cdot\cdot$. Man versetzt mit einem Überschuß von Ammoniak, filtriert und wäscht aus:

Rückstand (IV): Löse in HCl, koche auf ganz kleines Volumen ein u. teile in 2 Teile.

BiO$_3$H$_3$.

Filtrat (IV) enthält blaues Cu(NH$_3$)$_4$$\cdot\cdot$ und farbloses Cd(NH$_3$)$_4$$\cdot\cdot$. Die blaue Farbe zeigt **Cu** an.

Man bringt sie

Filtrat (I) enthält (NH$_4$)$_2$SnS$_3$, (NH$_4$)$_3$AsS$_4$, (NH$_4$)$_3$SbS$_4$. *Man verdünnt* es mit dem gleichen bis doppelten Volumen Wasser und *säuert* mit verdünnter H_2SO_4 (Abzug) *an*. Es fallen nieder: As$_2$S$_5$, Sb$_2$S$_5$ und SnS$_2$*), die man *abfiltriert und auswäscht* (Filtrat wird weggegossen). Man klatscht den Niederschlag in eine Porzellanschale, *kocht* ihn *mit konz. HCl*, bis die H$_2$S-Entwicklung aufhört, und *filtriert*:

Rückstand:

As$_2$S$_5$ + S. Man kocht ihn evtl. samt Filter mit rauchender HNO$_3$ (bis keine roten Dämpfe mehr entstehen) auf ein kleines Volumen und setzt

Lösung: SbCl$_3$, SnCl$_2$. Man kocht ein kleines Volumen auf, bringt einige Tropfen auf ein Platinblech und legt ein Stückchen Zink so in die Tropfen, daß es das Platin berührt. Entsteht an der Berührungsstelle ein schwarzer Fleck, so ist **Sb** vorhanden. Man gibt nun das Zink zu der übrigen Flüssigkeitsmenge, wartet, bis es sich aufgelöst

Prüfung auf Metalle.

spiegel, der sich zu Hg-Tröpfchen zusammenläßt. Eine andere Probe kocht man mit Königswasser auf ein kleines Volumen ein, verdünnt mit wenig Wasser, filtriert und versetzt das Filtrat mit Zinnchlorürlösung: erst weiße Fällung von HgCl, dann graue Fällung von Hg.	saurem Ammonium (Weinsäurelösung mit NH_3 im Überschuß versetzt), filtriert und versetzt mit $K_2Cr_2O_7$-Lösung: gelber Niederschlag von: $PbCrO_4$.	Den 1. Teil verdünne mit Wasser. Es fällt weißes BiOCl aus. Der 2. Teil wird mit einer Mischung von Zinnchlorür und überschüssiger Natronlauge versetzt und erwärmt. Es fällt schwarzes met. **Bi** nieder.	durch Zusatz von KCN völlig zum Verschwinden (wobei sich farbloses $K_3Cu(CN)_4$ bildet) und leitet H_2S ein: gelber Niederschlag **CdS**.	hat, verdünnt mit Wasser, filtriert das ausgeschiedene Gemisch von Sb und Sn ab. Man wäscht es aus, kocht es mit konz. Salzsäure und filtriert.

Rückstand: Sb. Man löst ihn in Königswasser, kocht ein und leitet H_2S ein: orangefarbiger Niederschlag von Sb_2S_3.	**Lösung:** $SnCl_2$. Gibt auf Zusatz von $HgCl_2$ erst weiße, dann graue Fällung von HgCl resp. Hg.

NH_3 und Mg-Mixtur zu. Es entsteht gleich oder nach kurzer Zeit ein weißer krystallin. Niederschlag von $(NH_4)MgAsO_4 + Aq.$, womit Arsen identifiziert ist.

*) Rasch kann man entscheiden, ob Sn, As und Sb vorhanden sind, durch folgende Proben:

1. Prüfung auf Sn. *Man stellt sich eine Phosphorsalzperle her und färbt sie durch Erhitzen mit wenig Cu-Salz schwach grünblau. Dann bringt man etwas des Sulfidgemisches daran und erhitzt in der Reduktionsflamme.* Ist Sn vorhanden, so wird die Perle bald nach dem Herausnehmen aus der Flamme rot.

2. Prüfung auf As und Sb. *Man erzeugt auf einer beiderseits glasierten Porzellanschale einen Oxydbeschlag, bestreicht ihn mit 2—3 Tropfen Silbernitratlösung und hält die befeuchtete Stelle kurze Zeit über eine geöffnete Flasche mit konz.* NH_3: Schwarze Ausscheidung (Ag): Sb; Gelbfärbung Ag_3AsO_3 deutet auf As. Bei überschüssiger NH_3 verschwindet die gelbe Färbung.

---

[1]) Weil aus stärker saurer Lösung CdS nicht oder nicht völlig durch H_2S ausgefällt wird.

[2]) Farbloses Schwefelammonium kann SnS nicht zu $(NH_4)_2SnS_3$ auflösen. CuS wird von Schwefelkalium teilweise gelöst. Ist viel Kupfer vorhanden, so kann man statt Schwefelammonium eine Lösung von Schwefelkalium verwenden, das aber HgS auflöst.

Gruppe III (Schwefelammoniumniederschlag).

Das Filtrat vom Schwefelwasserstoffniederschlag wird auf etwa 50 ccm *eingekocht* und *filtriert.* Davon *versetzt* man zunächst eine Probe (und falls ein Niederschlag entsteht das gesamte Filtrat) nacheinander *mit* Lösungen von *Chlorammonium*[1]), *Ammoniak*[2]) (bis alkalisch, Überschuß vermeiden, *und* unbekümmert um die entstandene Fällung mit *Schwefelammonium* so lange, als noch ein Niederschlag entsteht[3]). Man erwärmt gelinde (auf etwa 50—60°), *filtriert und wäscht* mit Wasser *aus,* dem man einige Tropfen Schwefelammonium zugefügt hat (3 mal das Filter vollfüllen und leerlaufen lassen).

Der so entstandene „Schwefelammoniumniederschlag" kann enthalten: CoS, NiS, FeS; MnS, ZnS; CrO_3H_3, AlO_3H_3 sowie Phosphate und Oxalate (auch Borate, Fluoride und Kieselfluoride) von Ca, Sr, Ba. — Das Filtrat davon wird nach S. 20 weiterbehandelt.

Der Schwefelammoniumniederschlag muß nun zunächst auf die Anwesenheit von Phosphorsäure und Oxalsäure geprüft werden. Sind sie nicht vorhanden, so verarbeitet man den Niederschlag gleich nach ✱) (s. unten) weiter. Sind sie vorhanden, so müssen sie entfernt werden.

1. **Prüfung auf Phosphorsäure.** *Man nimmt* mit einem Glasstab eine kleine *Probe des Niederschlags* vom Filter, streicht sie in einem Reagensrohr ab und *übergießt sie mit* einigen Kubikzentimetern *verd. HNO_3.* Dann *kocht* man auf, *filtriert* durch ein kleines Filterchen, *setzt überschüssige Molybdänsäurelösung zu* und erhitzt: Allmähliche Abscheidung eines kanariengelben Niederschlags[4]) zeigt Phosphorsäure an. Ist Phosphorsäure anwesend, so muß der Niederschlag von der Phosphorsäure befreit werden, da Ca, Sr, Ba mit ihr verbunden sind.

Entfernung der Phosphorsäure aus dem Schwefelammoniumniederschlag: *Man übergießt* den gesamten *Schwefelammoniumniederschlag mit verd. Salpetersäure, kocht* etwas *ein, filtriert* (der Rückstand muß, wenn er schwarz ist, auf Ni und Co geprüft werden, s. unten)

---

[1]) Um Mg und evtl. vorhandenes Borat in Lösung zu halten.

[2]) Das Ammoniak muß frei von Carbonat sein. Durch Ammoniak allein werden gefällt: AlO_3H_3, CrO_3H_3, FeO_3H_3, Phosphate, Oxalate, Fluoride der Erdalkalien. Ohne Zusatz von NH_4Cl können außer den genannten auch noch MnO_2H_2, FeO_2H_2, MgO_2H_2 ausfallen.

[3]) Überschuß von Schwefelammonium ist zu vermeiden, weil sich NiS etwas darin löst. In diesem Fall ist das Filtrat braun gefärbt (bei Gegenwart von Cr oft rot). Man koche es dann mit Ammonacetat (Ammoniak + Essigsäure), bis sich NiS in Flocken abscheidet, und filtriert davon ab.

[4]) Grün- oder Blaufärbung rührt nicht von Phosphorsäure her. Ev. Filtrieren und sehen, ob der Niederschlag gelb ist.

·*und setzt* etwa 10 ccm konz. HNO$_3$ zu. In diese Lösung trägt man **allmählich** (nicht auf einmal) *Zinn* (am besten Stanniol) in Stückchen *unter tüchtigem Verrühren* mit der Flüssigkeit (Abzug), *so lange* ein, *bis eine Probe der Flüssigkeit mit Molybdänsäurelösung keine Gelbfärbung mehr gibt*. Je nach der Menge Phosphorsäure trägt man 1—3 g Zinn ein und gibt noch konz. HNO$_3$ zu, falls das Zinn nicht mehr angegriffen wird. Das Zinn verwandelt sich dabei in unlösliche Zinnsäure, die Zinnphosphat mitreißt. Man *dampft* nun *bis zum Breiigwerden* der Masse (nicht zur Trockne!) *ein, rührt 50—100 ccm Wasser zu*, füllt in ein hohes Gefäß (Meßzylinder) um, *läßt absitzen und gießt* dann vom Zinnniederschlag *ab*. *Das Abgegossene wird* aufgekocht, *filtriert,* heiß ausgewaschen und *in der Hitze Schwefelwasserstoff eingeleitet*, um Verunreinigungen des Zinns zu entfernen. Das *Filtrat* vom entstandenen Niederschlag *wird* erst mit Ammoniak alkalisch gemacht und dann *mit Schwefelammonium versetzt*. Es fallen nieder CoS, NiS, FeS, MnS, ZnS, CrO$_3$H$_3$, AlO$_3$H$_3$, während Ca, Sr, Ba in der Lösung bleiben. Der Niederschlag wird nach ✱), das Filtrat nach S. 20 weiterverarbeitet.

2. **Prüfung auf Oxalsäure.** *Man nimmt* mit einem Glasstab eine etwas größere *Probe* in ein Reagensrohr, *löst in* möglichst wenig *Salzsäure, kocht auf, filtriert* und *gibt überschüssige Sodalösung zu*, um wieder zu *kochen* (einige Minuten) und zu *filtrieren*. Das heiße *Filtrat wird mit Essigsäure angesäuert und* einige Tropfen *Chlorcalciumlösung zugegeben*.

Ein weißer, gleich oder nach kurzer Zeit entstehender Niederschlag (CaC$_2$O$_4$) deutet auf Oxalsäure. Ist sie anwesend, so muß sie entfernt werden.

Entfernung der Oxalsäure aus dem Schwefelammoniumniederschlag: *Man digeriert* den gesamten *Schwefelammoniumniederschlag in verd. Salzsäure, kocht ein* und bringt, falls nicht alles in Lösung geht, den Niederschlag (CoS, NiS) nach Zusatz einiger Tropfen konz. HNO$_3$ durch Kochen in Lösung. *Nach starkem Eindampfen gibt man überschüssige Sodalösung zu, kocht* mindestens 5 Minuten lang, *filtriert* heiß und *wäscht* den Niederschlag *gut* mit heißem Wasser *aus*. Er ist dann frei von Oxalsäure, wird *in Salzsäure gelöst mit* Ammoniak und *Schwefelammonium* wieder *gefällt* und nach ✱) weiterbehandelt.

Das Filtrat von diesem letzten Niederschlag wird auf Ca, Sr, Ba geprüft (s. S. 20).

✱) Den (phosphorsäure- und oxalsäurefreien) Schwefelammonniederschlag übergießt man sofort mit 50—100 ccm kalter verd. Salzsäure (5%) und schüttelt ihn so lange damit, als sich noch etwas auflöst:

Rückstand (1): CoS, NiS. Nach dem Auswaschen macht man zuerst eine Boraxperle. Wird sie durch den Niederschlag blau, so ist Co nachgewiesen. Ist kein Co vorhanden, sondern Ni, so tritt eine gelb- bis braunrote Farbe in der Oxydations-, eine graue Farbe in der Reduktionsflamme auf.

Zum Nachweis von Co und Ni auf nassem Wege kocht man den Niederschlag mit einigen ccm konz. HCl, der einige Tropfen konz. HNO_3 zugesetzt sind, stark ein, verdünnt mit wenig Wasser und filtriert. Das Filtrat teilt man in mehrere Teile und macht folgende Proben:

1. Auf **Co**: Man neutralisiert eine Probe mit NaOH, säuert mit Essigsäure stark

Lösung (I): Fe˙˙, Mn˙˙, Zn˙˙, Cr˙˙˙, Al˙˙˙. Man erhitzt sie, hält kurze Zeit im Sieden, filtriert, setzt wenig (1—2 ccm) konz. HNO_3 zu und kocht auf etwa 10—20 ccm ein. Diese Lösung heiße **Urlösung**. Ist wenig oder kein Cr vorhanden, so trennt man nach der Natronlauge Wasserstoffsuperoxydmethode (A), ist viel Chrom vorhanden, so benutzt man die Bariumcarbonatmethode (B).

A. Die Natronlauge-Wasserstoffsuperoxydmethode. Die obige, auf wenige ccm eingekochte Säurelösung versetzt man unter Umrühren mit so viel konz. reiner Natronlauge (20 proz., am besten frisch bereitet), daß die Flüssigkeit stark alkalisch reagiert. Dazu gibt man, wenn Cr anwesend ist, sofort ca. 10 ccm 3 proz. Wasserstoffsuperoxydlösung, erhitzt zum Sieden und filtriert:

Niederschlag (II)[1]**:** $FeO_3H_3 + MnO_3H_3$ (oft kleine Mengen von NiO_3H_3). Man kann eine Probe entweder: nach dem Auswaschen auf einem unglasierten Tontellerchen und mit der 3fachen Menge eines Gemisches von 1 Tl. Soda und 3 Tln. Salpeter auf einem Porzellantiegeldeckel schmelzen: blaugrüne Schmelze (Na_2MnO_4) deutet auf Mn. Löst man die Schmelze in heißem Wasser, so bleibt Fe_2O_3 zurück. — Oder: Man kann den Niederschlag in Salzsäure lösen, die Lösung einkochen und mit Chlorammonium und Ammoniak versetzen.

Niederschlag (III)[2]**:** FeO_3H_3. Man löst ihn in HCl und gibt Ferrocyankalium zu: Berlinerblaubildung charakterisiert Fe^{III}.

Lösung (II): wird kalt mit Salzsäure angesäuert bis rotgelb und dann mit Ammoniak versetzt bis hellgelb, aufgekocht und filtriert.

Niederschlag (II a): AlO_3H_3 wird nach d. Trocknen auf Kohle mit Kobaltsolution als Thénards Blau identifiziert. Oder: Morin resp. Moringerbsäure in alkoholischer Lösung zu einer neutralen Lösung eines Alkali-Salzes gesetzt gibt grüne Fluorescenz.

Lösung (III): Mn˙˙. Man gibt $(NH_4)_2S$ zu: Fleischfarbigen MnS. (Wenn Ni zugegen, ist dieser Niederschlag oft dunkel. Man schmilzt ihn dann mit Soda und Salpeter: blaugrüne Schmelze zeigt Mn an.)

Lösung (II a): $Zn(NH_3)_6$˙˙ + CrO$_4$''. Man kocht mit überschüssiger Sodalösung stark ein.

Niederschlag (II b): bas. $ZnCO_3$. Man glüht den Niederschlag mit Kobaltlösung auf Kohle oder verkohlt das Filter unter Zusatz v. $Co(NO_3)_2$-Lösung: Rinnmanns Grün charakterisiert Zn.

Man kann auch das bas. $ZnCO_3$ in etwas verd. Säure lösen u. $K_4Fe(CN)_6$-Lösung zugeben: weißer Niederschlag deutet auf Zn (wenn Mn abwesend ist).

Lösung (II b): CrO_4''. Man säuert mit Essigsäure an und gibt $BaCl_2$ zu: gelber $BaCrO_4$ deutet auf Cr.

Prüfung auf Metalle.

B. Bariumcarbonatmethode³). Man verdünnt die **"Urlösung"** auf etwa 100 ccm, versetzt vorsichtig bei Zimmertemperatur erst mit festem kryst. Na_2CO_3, dann mit Sodalösung, bis der zuletzt entstehende Niederschlag beim Umrühren nur noch langsam verschwindet. Dann gibt man bei Zimmertemperatur (nicht heiß!) fein mit Wasser zerriebenes $BaCO_3$ so lange in kleinen Portionen zu, bis es unverändert am Boden liegen bleibt, läßt 10—15 Minuten unter öfterem Umschütteln stehen, filtriert ab und wäscht den Niederschlag gut aus.

Niederschlag (I): $FeO_3H_3 + AlO_3H_3 + CrO_3H_3 + BaCO_3$. Man löst ihn nach dem Auswaschen in HCl, erhitzt zum Kochen und setzt so lange verd. H_2SO_4 zu, als noch $BaSO_4$ ausfällt. Davon filtriert man ab, kocht ein und versetzt mit $NaOH + H_2O_2$ im Überschuß:

Niederschlag (II): FeO_3H_3. Man kann ihn in verd. Salzsäure lösen und mit Ferrocyankalium versetzen: Berlinerblau deutet auf Eisen.

Lösung (II): AlO_3''', CrO_4''. Man säuert die kalte Lösung an (bis rotgelb) und gibt dann Ammoniak zu (bis hellgelb), erwärmt und filtriert ab:

Niederschlag (III): AlO_3H_3. Man kann ihn nach dem Trocknen noch mit Co-Nitratlösung auf der Kohle glühen: Thénards Blau charakterisiert Al. oder: Morinreaktion s. oben.

Lösung: CrO_4''. Man säuert mit Essigsäure an und gibt Bleiacetatlösung zu: gelber Niederschlag: $PbCrO_4$.

Lösung (I): $Mn^{..}, Zn^{..}, Ba^{..}$. Man erhitzt in einem Becherglas zum Sieden, fällt das Ba mit H_2SO_4 aus, filtriert und setzt nach evtl. Einengen Natronlauge hinzu, bis stark alkalisch:

Niederschlag: MnO_2H_2. Man trocknet ihn auf Ton, mischt eine Probe mit Soda und Salpeter und schmilzt auf einem Porzellantiegel, bis die Gasentwicklung aufhört: grüne Schmelze von Na_2MnO_4.

Lösung: ZnO_2''. Man säuert mit Essigsäure an und leitet H_2S ein: weißer Niederschlag von ZnS.

---

¹) Falls die Substanz **Uran** enthält, scheidet es sich mit diesem Niederschlag als $Na_2U_2O_7$ ab. Man entfernt es wie bei 2 angegeben.

²) Enthält bei Gegenwart von Uran $(NH_4)_2U_2O_7$. Man trennt vom Eisen, indem man in HCl löst, einkocht und mit $(NH_4)_2CO_3$ im Überschuß versetzt. FeO_3H_3 fällt dann nieder, Ur bleibt in Lösung. Säuert man sie an und setzt $K_4Fe(CN)_6$ zu, so wird braunes $(UO_2)_2Fe(CN)_6$ gefällt.

³) Auch nach der Bariumcarbonatmethode kann es vorkommen, daß das Chrom nicht völlig ausfällt, daß das Filtrat vom Bariumcarbonatniederschlag also grün ist. Man setze dann zum Filtrat ca. 1 ccm $FeCl_3$ und fälle von neuem durch Zusatz von $BaCO_3$-Aufschlämmung. Das Cr wird dann mit dem Eisen ausgefällt.

Gruppe IV (Ammoniumcarbonatniederschlag).

Das *Filtrat vom Schwefelammonniederschlag*[1] *wird mit Salzsäure angesäuert*, gekocht bis sich der Schwefel zusammenballt, dann *filtriert*, auf etwa 30 cm²) *eingekocht und mit Ammoniak alkalisch gemacht*. Nun *gibt* man anfangs wenig *Ammoniumcarbonat zu* und falls ein Niederschlag entsteht so viel, daß alles ausgefällt wird. Darauf *erwärmt* man einige Minuten *auf* 60—70°³) (nicht zum Sieden), *filtriert* und *wäscht* den Niederschlag gut mit heißem Wasser *aus*:

Niederschlag (I): $CaCO_3 + SrCO_3 + BaCO_3$. *Man löst den Niederschlag in möglichst wenig verd. Salzsäure und macht* zunächst einige *Vorproben*, um rasch zu sehen, ob alle drei Erdalkalien oder nur einzelne vorhanden sind:

1. Vorprobe: *Man dampft* einige Tropfen der salzsauren Lösung *auf* einem *Uhrglas auf ein ganz kleines Volumen und prüft* mit einem dünnen Platindraht die *Flammenfärbung*
   a) rotgelb: Ca; Spektralapparat: links von Na rote, rechts grüne Linie.
   b) rot: Sr; Spektralapparat: rote Banden, 1 orange und 1 blaue Linie.
   c) grüngelb: Ba; Spektralapparat: grüne Linien und Banden.

2. Vorprobe: *Man versetzt* eine kleine Menge der salzsauren Flüssigkeit erst *mit etwas Natriumacetatlösung und dann mit dem* 3—4*fachen Volumen Gipswasser*:
   a) Es entsteht sofort eine Trübung: Ba und evtl. auch Sr.
   b) Es entsteht erst nach einiger Zeit eine Trübung: Sr.
   c) Es entsteht auch nach Stunden keine Trübung: Ca. In diesem Fall prüft man etwas salzsaure Lösung *mit Ammoniak und Ammoniumoxalat auf Ca*. Eine weitere Prüfung ist dann unnötig.

3. Vorprobe auf Ba: *Man versetzt* eine *kleine Menge* der salzsauren Lösung *mit Na-Acetat* und verd. *Essigsäure und* setzt $K_2Cr_2O_7$-*Lösung zu*: gelber, pulveriger Niederschlag von $BaCrO_4$ deutet auf Ba.

Trennung von Ca, Sr und Ba.

Sind alle drei Erdalkalimetalle anwesend und ist es von Wichtigkeit, ihr Mengenverhältnis zu bestimmen, so kann man sie in folgender Weise voneinander trennen. *Man dampft zur völligen*[4] *Trockne*, zerreibt sie *mit* 10—20 ccm *absolutem Alkohol und filtriert* durch ein trockenes Filter.

Filtrat (I): $Mg^{..}$, $K^.$, $Na^.$, $NH_4^.$. Etwa *ein Drittel des Filtrats wird* (evtl. nach Konzentrieren) *mit Na-Phosphat erwärmt*: weißer krystallinischer Niederschlag: $Mg(NH_4)PO_4 \cdot 6 H_2O$ zeigt Mg an.

Die *Hauptmenge des Filtrats* wird in einer Porzellanschale eingeengt und zuletzt, wenn sie zu stockig geschmolzen) *Rückstand* wird *mit wenig Salzsäure aufgenommen*, durch ein kleines Filter *filtriert und* eine Probe der *Lösung* (evtl. nach Einkochen) am Platindraht *auf Flammenfärbung* (Spektralapparat) untersucht: { Violettfärbung resp. rote und violette Linie: K;
  Gelbfärbung: Na. (Da an jeder Substanz Na adhäriert, so kann man nur aus starker und andauernder Gelbfärbung auf Na schließen. K und Na nebeneinander. Da die Na-Flamme die K-Flamme oft überdeckt, so betrachtet man sie zweckmäßig durch ein oder mehrere blaue Gläser. Das Na-Licht wird darin absorbiert, das K-Licht erscheint rotviolett.

Trennung des Mg von K und Na.

Kommt es darauf an, über die Mengenverhält-

Prüfung auf Metalle.

Rückstand (I): $BaCl_2$. Er wird mit *Alkohol ausgewaschen* und a) eine Probe am Pt-Draht auf Flammenfärbung (Spektralapparat) geprüft: grüngelbe Färbung resp. grüne Linien und Banden; b) eine Probe in Wasser gelöst, mit Essigsäure und $K_2Cr_2O_7$-Lösung versetzt, gibt gelben Niederschlag von $BaCrO_4$.	Lösung (I): $CaCl_2 + SrCl_2$ *wird auf dem Wasserbad eingedampft* (Vorsicht!), *der Rückstand mit Wasser aufgenommen*, *mit* $NH_4Cl + NH_3 + (NH_4)_2CO_3$ *gefällt*, das Gemisch von $CaCO_3 + SrCO_3$ *abfiltriert, ausgewaschen, in verd.* HNO_3 *gelöst und völlig zur Trockne verdampft*. Die so erhaltenen Nitrate werden mit 10 bis 20 ccm absol. *Alkohol zerrieben und dann abfiltriert*: **Rückstand (II):** $Sr(NO_3)_2$. Er wird mit Alkohol ausgewaschen und auf *Flammenfärbung* (rot) resp. im Spektralapparat (roteBanden, orange und blaue Linien) geprüft.	nisse von Mg, K und Na Anhaltspunkte zu haben, so scheidet man das *Mg aus der obigen salzsauren Lösung* in folgender Weise ab. Man versetzt mit BaO_2H_2, solange noch ein Niederschlag entsteht. **Niederschlag:** MgO_2H_2. (Löse evtl. *in HCl, versetze mit* NH_4Cl, NH_3 *und Na-Phosphat:* Krystallin. Fällung von $(NH_4)MgPO_4 \cdot 6 H_2O$ charakterisiert Mg.)
	Lösung (II): $Ca(NO_3)_2$. Der Alkohol wird vorsichtig abgedampft[5], der *Rückstand in verdünnter HCl gelöst und* a) auf *Flammenfärbung* (gelbrot) resp. im Spektralapparat (1 rote und 1 grüne Linie) untersucht; b) *mit Na-Acetat und Ammoniumoxalat versetzt:* weißes Ca-Oxalat.	**Lösung:** Ba··, K·, Na·, NH_4· *wird angesäuert*, das Ba mit $NH_3 + (NH_4)_2CO_3$ *ausgefällt*, Filtrat *eingedampft, abgeraucht und in wenig* H_2O *gelöst.* $HClO_4$ fällt aus der kalten Lösung $KClO_4$ aus. — Na kann man noch durch Zusatz einer Lösung von Kaliumpyroantimoniat nachweisen, wobei kryst. $Na_2H_2Sb_2O_7$ ausfällt (die Lösung des Na-Salzes darf dabei *nicht sauer sein*!)

[1] Hat man Phosphorsäure oder Oxalsäure zu entfernen gehabt, so muß man natürlich auch das Filtrat vom zweiten Schwefelammonniederschlag (nach Entfernung dieser Säuren) mit dem ersten vereinigt resp. auf Ca, Sr, Ba prüfen.

[2] Sollten sich feste Salze dabei abscheiden, so sind es (NH_4)-Salze. In diesem Fall ist es am besten (zuletzt unter Rühren), ganz einzudampfen, die Ammoniumsalze größtenteils auf dem Luft- oder Sandbad abzurauchen, weil sonst der $(NH_4)_2CO_3$-Niederschlag ausbleiben kann.

[3] Um lösliche carbaminsaure Erdalkalien in kohlensaure Alkalien überzuführen. Die Flüssigkeit darf nicht zum Sieden kommen, weil sich sonst $(NH_4)_2CO_3$ in $CO_2 + H_2O + NH_3$ zersetzt, wodurch Erdalkali in Lösung gehen kann.

[4] Die Masse muß völlig trocken sein, da sich feuchtes $BaCl_2$ auch in Alkohol teilweise löst. Um eine völlig trockene Masse zu erhalten, dampft man vor dem Ausziehen mit Alkohol mehrmals mit Alkohol ein, wodurch die letzten Reste Wasser verflüchtigt werden. Die trockne Masse ist sehr hygroskopisch und muß darum sogleich mit Alkohol extrahiert werden.

[5] Am besten auf dem Wasser- oder Sandbad, da starke Hitze die Nitrate zerlegt und in Oxyde verwandelt, die wegen ihrer Unlöslichkeit mit Alkohol nicht getrennt werden können.

B. Prüfung auf Säuren (Anionen).

Die Säuren sind in den Analysensubstanzen meist mit Metallen verbunden. Folgende Säuren kommen gewöhnlich in Betracht (in dieser Übersicht leicht zu merken):

Säuren der Halogene $\begin{cases} \text{HCl, HBr, HJ, HF.} \\ \text{HClO, HClO}_3\text{, HClO}_4 \text{ (HBrO}_3 \text{ HJO}_3\text{).} \end{cases}$

Säuren des Schwefels: H_2S, ($H_2S_2O_4$, Hydroschweflige S.), H_2SO_3. $H_2S_2O_3$, H_2SO_4 ($H_2S_2O_8$).

Säuren des Stickstoffs: HNO_2, HNO_3.

Säuren des Phosphors: (H_3PO_2) H_3PO_3, H_3PO_4 (HPO_3, $H_4P_2O_7$).

Säuren des Bors: B_2O_3 resp. H_3BO_3 (HBO_2, $H_2B_4O_7$).

Säuren des Siliciums: SiO_2, H_2SiO_3, H_4SiO_4 usw.; H_2SiF_6.

Säuren des Arsens und Antimons $\begin{cases} H_3AsO_3, H_3AsO_4; H_3AsS_3, \\ H_3AsS_4. \\ H_3SbO_3, H_3SbO_4; H_3SbS_3. \\ H_3SbS_4. \end{cases}$

Säuren des Chroms und Mangans: H_2CrO_4 ($H_2Cr_2O_7$); $HMnO_4$.

Säuren des Kohlenstoffs (Organische Säuren) $\begin{cases} CO_2, CH_3COOH, H_2C_2O_4 \text{ (Oxals.),} \\ \text{Weinsäure } C_4O_6H_6. \\ HCN, HSCN, H_4Fe(CN)_6, H_3Fe(CN)_6. \end{cases}$

Die meisten dieser Säuren oder auch alle findet man im Laufe der Analyse, teils durch Vorproben, teils im Analysengang, teils durch besondere Proben. Auf solche, für die man nur Anhaltspunkte erhielt, prüft man besonders nach den unten mitgeteilten Reaktionen der einzelnen Säuren.

Bei den Vorproben kann man meist erkennen:

1. Durch Erhitzen für sich oder mit Soda im Glühröhrchen: Chlorate, Bromate, Jodate, Nitrate, As- und organ. Säuren.
2. Durch das Kohle-Sodastäbchen: S in den Säuren des Schwefels, evtl. Fe aus Ferro- und Ferricyanverb. (meist unvollkommen).
3. Durch die Phosphorsalzperle: Kieselsäureverbindungen, Fe, Cr, Mn.
4. a) Durch konz. H_2SO_4 allein: HCl, HBr, HJ; HF; HClO (gibt Cl_2); $HClO_3$ (gibt ClO_2); HNO_2 (in Kälte rote Dämpfe), HNO_3 (in Hitze rote Dämpfe); CO_2 (Barytwasser); Oxalsäure ($CO_2 + CO$); Weinsäure (Verkohlung); Essigsäure (Geruch); Cyansäuren (CO und HCN).
   b) Durch konz. H_2SO_4 + Alkohol: Essigsäure (erhitzt Estergeruch); Borsäure (Gemisch brennt angezündet mit grüngesäumter Flamme).

Prüfung auf Säuren.

c) Durch konz. H_2SO_4 + Ferrosulfatlös.: HNO_2 und HNO_3. Schichtet man Lösungen von **Nitriten** und **Nitraten** auf ein Gemisch von konz. H_2SO_4 und konz. $FeSO_4$, so bildet sich ein brauner (bei geringen Mengen ein roter) Ring an der Berührungsfläche. Bei Gegenwart von Nitrit prüft man so auf Nitrat, daß man eine konz. Lösung der Substanz mit Harnstoff und H_2SO_4 versetzt, wartet, bis die Gasentwicklung vorbei ist, um dann über die Ferrosulfat-Schwefelsäuremischung zu schichten. Entsteht auch jetzt noch ein Ring, so ist auch HNO_3 vorhanden. Andere Proben auf HNO_3 s. unten bei der Übersicht über die einzelnen Säuren.

Im Analysengang findet man: As, Sb, Phosphorsäure, Oxalsäure; auch Mn und Cr können von Säuren des Mangans und Chroms herrühren.

Durch die besonderen Proben auf S. 9f. hat man geprüft auf: $H_4Fe(CN)_6$, $H_3Fe(CN)_6$, SiO_2, HF und Borsäure.

Da die Säuren gewöhnlich in Form von Salzen (in Lösung also meist als Anionen) in den Analysensubstanzen vorhanden sind, so kann man aus der Anwesenheit gewisser Elemente auf die Abwesenheit mancher Säuren schließen, z. B.:

1. Enthält die saure Lösung einer Substanz Ag, so braucht man nicht zu prüfen auf Cl′, Br′, J′, CN′, $Fe(CN)_6''''$, $Fe(CN)_6'''$.
2. Eine wasserlösliche, neutral reagierende Substanz, in der man Ba″ fand, kann nicht enthalten: SO_3'', SO_4'', PO_4''', F′, SiF_6'', Oxalsäure; bei einer ebensolchen Ca-haltigen Substanz erübrigt sich die Prüfung auf F′, PO_4''', C_2O_4'', SO_3''.
3. Hat der Analysengang die Abwesenheit von As, Sb, Cr und Mn ergeben, so ist es zwecklos, auf Säuren dieser Elemente zu fahnden usw.

Auf noch zweifelhafte Säuren prüft man durch die Reaktionen, die weiter unten bei der Übersicht über die einzelnen Säuren angegeben sind.

Ein Trennungsgang für Säuren, durch den man alle so voneinander scheiden kann wie die Metalle auf nassem Wege, existiert nicht. Man kann die Säuren nur in „Gruppen" erkennen, die Bunsen nach dem Verhalten neutraler Alkalilösungen der Säuren gegen $AgNO_3$ und $BaCl_2$ und nach der Löslichkeit der so entstehenden Silber- und Ba-Salze gegen Wasser und verdünnte HNO_3 aufgestellt hat. Man unterscheidet nach obigem Verhalten 7 Gruppen:

1. Gruppe $\begin{cases} AgNO_3 \text{ gibt in } HNO_3 \text{ unlösliche Fällungen} \\ BaCl_2 \text{ gibt keine Fällungen} \end{cases}$ Cl′, Br′, J′; ClO′; CN′, (SCN)′, $[Fe(CN)_6]''''$, $[Fe(CN)_6]'''$,

2. Gruppe $\begin{cases} AgNO_3 \text{ gibt in } HNO_3 \text{ lösliche Fällungen} \\ BaCl_2 \text{ gibt keine Fällungen} \end{cases}$ S″ (Se″, Te″); (OCN)′; (Oxalsäure, HNO_2, CH_3COOH fallen nur aus konz. Lösungen mit $AgNO_3$ aus).

3. Gruppe $\begin{cases} \text{AgNO}_3 \text{ gibt weiße, in verd. HNO}_3 \text{ lösliche Fällungen} \\ \text{BaCl}_2 \text{ gibt in verd. HNO}_3 \text{ lösliche Fällungen} \end{cases}$ CO_3'',
SO_3''; (anfangs PO_3', P_2O''''); BO_2'; JO_3', Weinsäure, Citronensäure, Ameisensäure.

4. Gruppe $\begin{cases} \text{AgNO}_3 \text{ gibt farbige, in verd. HNO}_3 \text{ lösliche Fällungen} \\ \text{BaCl}_2 \text{ gibt in verd. HNO}_3 \text{ lösliche Fällungen} \end{cases}$ S_2O_3''
(anfangs weiß), PO_4''', CrO_4'', AsO_3''', AsO_4''', PO_2H_2'.

5. Gruppe $\begin{cases} \text{AgNO}_3 \text{ gibt keine Fällung} \\ \text{BaCl}_2 \text{ gibt keine Fällung} \end{cases}$ NO_3'; ClO_3', ClO_4'; MnO_4'; $H_2S_2O_8$
(beim Kochen entsteht $BaSO_4$).

6. Gruppe $\begin{cases} \text{AgNO}_3 \text{ gibt keine Fällungen} \\ \text{BaCl}_2 \text{ gibt weiße Fällungen} \end{cases}$ SO_4'', F'.

7. Gruppe $\begin{cases} \text{feuerbeständige, alkalilösliche Salze gebende Säuren,} \\ \text{die nach dem Abdampfen mit konz. HCl und Auf-} \\ \text{nahme mit verd. HCl unlöslich zurückbleiben} \end{cases}$ SiO_2,
(TiO_2), (WO_3), (Nb_2O), (Ta_2O).

Um die Säuren in Gruppen oder durch besondere Reaktionen auf nassem Wege nachweisen zu können, muß man eine neutrale Lösung ihrer Alkalisalze herstellen, falls sie nicht schon vorhanden ist. Freie wasserlösliche Säuren neutralisiert man daher einfach mit Soda. Enthält eine Analysensubstanz aber noch andere Metalle, so muß man diese entfernen. Das kann durch einen **Sodaauszug** geschehen, durch den die anderen Metalle als Carbonate, basische Carbonate, Hydroxyde und Oxyde abgeschieden, die Säuren aber zugleich an Natrium gebunden werden. Vorher muß durch besondere Proben auf CO_2 und HNO_3 geprüft werden.

Man erhält den Sodaauszug dadurch, daß man **1—2 g der ursprünglichen Substanz fein gepulvert mit konz. Sodalösung**[1]) **(auf 1 g ca. 5 ccm) etwa 5—10 Min. lang unter Ersatz des verdampfenden Wassers kocht und vom Niederschlag abfiltriert.** [Wirksamer ist es noch, die Substanz mit der 3—4fachen Menge wasserfreier Soda im Platintiegel[2]) zu schmelzen, die Schmelze mit Wasser auszulaugen und zu filtrieren.] **Das Filtrat muß klar und farblos**[3]) **sein und wird dann mit HNO_3 genau neutralisiert**[4]) (CO_2 durch Erwärmen entfernen).

---

[1]) Wendet man zuviel Sodalösung an, so können kleine Mengen von Co, Pb u. a. Metalle in Lösung gehen. In einem solchen Fall fällt man die Lösung mit frisch bereitetem Schwefelammonium, filtriert, dampft $(NH_4)_2S$ ab, nimmt mit Wasser auf und neutralisiert mit HNO_3.

[2]) $BaSO_4$, Phosphate u. a. werden durch Kochen mit Sodalösung nicht völlig in Na-Salze verwandelt, sondern erst durch Schmelzen.

[3]) Farbigkeit rührt von Metallen her, die nach Anm. [1]) oder auch mit H_2S entfernt werden müssen.

[4]) Entsteht beim Neutralisieren ein Niederschlag, so sind Sulfosalze des As, Sb, Sn vorhanden. Sie müssen abfiltriert und evtl. mit H_2S völlig aus der Lösung entfernt werden. Auch SiO_2 kann sich beim Neutralisieren gallertartig abscheiden.

Prüfung auf Säuren.

Die Reaktionen auf Säuren werden teils mit der neutralen Lösung ihrer Alkalisalze (neutralisierter Sodaauszug), teils mit der festen Substanz (Einwirkung von verd. und konz. H_2SO_4 u. a.) ausgeführt.

Übersicht über die Reaktionen der wichtigsten Säuren.
(Fettgedruckte Nummer deutet auf eine besonders charakteristische Reaktion.)

Säuren der Halogene.

Salzsäure HCl resp. Cl':

1. Konz. H_2SO_4 entwickelt mit der festen Substanz sofort HCl (an der Luft stark rauchend, erstickend riechend). Setzt man etwas Braunstein zu und erwärmt, so entsteht gelbes, charakteristisch riechendes Chlorgas.

2. $AgNO_3$ gibt mit der neutralen oder salpetersauren Lösung oder mit dem neutralisierten Sodaauszug weißes AgCl (das sich am Licht allmählich dunkel färbt), unlöslich in HNO_3, löslich in NH_3, KCN, $Na_2S_2O_3$.

3. Trockene Chloride mit $K_2Cr_2O_7$ gemischt und mit konz. H_2SO_4 in einer Retorte destilliert, geben chromhaltiges Destillat. Auf Zusatz von Na-Acetat und Pb-Acetat fällt dann gelbes $PbCrO_4$. (Man kann schon beim Erhitzen obiger Mischung im Reagensrohr an den charakteristischen dunkelroten Tropfen von CrO_2Cl_2, die sich oben im Reagensrohr ansetzen, auf Chlor schließen.)

NB. Diese Reaktion ist nicht sehr empfindlich und versagt bei schwer löslichen Chloriden wie AgCl, Hg_2Cl_2 u. a.

Bromwasserstoffsäure HBr resp. Br':

1. Konz. H_2SO_4 entwickelt mit festem Bromid stark rauchenden HBr, der durch etwas Br braungelb gefärbt ist. Setzt man etwas Braunstein zu und erhitzt, so entsteht braungelber Bromdampf, der Stärke, die, am angefeuchteten Ende eines Glasstabes haftend in die Dämpfe gebracht wird, gelb färbt (Unterschied von N_2O_3- und NO_2-Dämpfen).

2. $AgNO_3$ fällt aus neutralisiertem Sodaauszug gelblich-weißes AgBr, unlöslich in HNO_3, löslich in konz. NH_3, KCN, $Na_2S_2O_3$.

3. Chlorwasser, zum neutralen, mit etwas CS_2 oder $CHCl_3$ versetzten Sodaauszug gesetzt, färbt nach Schütteln den CS_2 gelb bis braun.

NB. Mischt man feste Bromide mit $K_2Cr_2O_7$, setzt konz. H_2SO_4 zu und destilliert, so geht nur Brom, kein Cr über (Unterschied von Cl).

Jodwasserstoffsäure HJ resp. J':

1. Konz. H_2SO_4 entwickelt mit festen Jodiden (außer AgJ) stark rauchenden HJ und Jod, das beim Erhitzen violette Dämpfe bildet. (Oft riecht man H_2S, da HJ die H_2SO_4 stark reduziert.)

2. $AgNO_3$ fällt aus dem neutralisierten Sodaauszug gelbes AgJ, unlöslich in HNO_3 und NH_3, löslich in KCN und $Na_2S_2O_3$.

3. Chlorwasser, tropfenweise zu dem mit etwas CS_2 versetzten Sodaauszug oder der neutralen Auflösung der Substanz gesetzt, färbt den CS_2 beim Schütteln erst violett, bei Zusatz von viel Chlorwasser wird CS_2 wieder farblos.

4. $NaNO_2$ oder KNO_2 zu dem mit Stärkelösung versetzten, mit H_2SO_4 angesäuerten Sodaauszug gesetzt, erzeugt Blaufärbung der Flüssigkeit.

NB. Auch Chromsäure macht aus Jodiden Jod frei und ebenso Ferrisalze. Kocht man eine Jodidlösung mit Ferrisulfat, so kann man das Jod verflüchtigen (Unterschied von Br und Cl).

Nachweis von Cl und Br nebeneinander: 1. Man mischt die trockene Substanz mit $K_2Cr_2O_7$, gibt konz. H_2SO_4 zu und destilliert. Gibt das mit Wasser und Na-Acetat versetzte Destillat mit Pb-Acetat einen gelben Niederschlag ($PbCrO_4$), so ist Cl nachgewiesen. — Destilliert man die Gemenge von Substanz und MnO_2 mit konz. H_2SO_4, so geht zuerst Br_2 über, dann Cl_2.

2. Setze tropfenweise Chlorwasser zu einer Probe mit CS_2 versetztem neutralisierten Sodaauszug und schüttle: Gelb- bis Braunfärbung deutet auf Brom.

3. $AgNO_3$ fällt bei tropfenweisem Zusatz erst gelbliches AgBr und dann erst weißes AgCl.

Nachweis von Cl und J nebeneinander: Man fällt eine Probe des neutralen Sodaauszuges mit $AgNO_3$ aus, filtriert ab und übergießt mehrmals mit dem gleichen Volum wässerigem NH_3. Auf dem Filter bleibt gelbes AgJ. Aus der Lösung wird durch Ansäuern mit HNO_3 weißes AgCl gefällt.

Nachweis von Br und J nebeneinander: 1. Eine kleine stark verdünnte Probe von neutralisiertem Sodaauszug über CS_2 wird tropfenweise mit Chlorwasser versetzt. Zuerst färbt sich der CS_2 von Jod violett, wird bei weiterem Zusatz allmählich farblos (JO_3), dann braunrot von Br, zuletzt hellgelb (BrCl). — HNO_2 (rauchende HNO_3), $HMnO_4$, CrO_3 setzen in der Kälte aus einem Gemisch von Br' und J' nur J in Freiheit.

Nachweis von Cl, Br und J nebeneinander: 1. Br' und J' wie vorher mit Chlorwasser. Um Cl' nachzuweisen, entfernt man zuerst das J, indem man den neutralisierten Sodaauszug mit Eisenalaun [$NH_4Fe^{III}(SO_4)_2 \cdot 12 H_2O$] so lange kocht, als noch violette Dämpfe entweichen, dann dampft man zur Trockne, mischt mit $K_2Cr_2O_7$ und destilliert mit H_2SO_4: Chrom im Destillat zeigt Cl an.

2. $AgNO_3$ tropfenweise zum neutralisierten Sodaauszug gesetzt, fällt zuerst (in der Kälte) gelbes AgJ (Abfiltrieren), dann gelbliches AgBr (Abfiltrieren), zuletzt weißes AgCl.

NB. $HMnO_4$ (angesäuerte Lösung von $KMnO_4$) oxydiert, wenn alle drei vorhanden sind, in der Hitze zuerst J' zu Jod, dann Br' zu Brom. Chlor wird so nicht in Freiheit gesetzt und kann als Cl' in der Lösung nachgewiesen werden.

Fluorwasserstoffsäure HF resp. F′:

1. Konz. H_2SO_4 gibt mit der festen Substanz **stechend riechende, an der Luft rauchende HF, die Glas ätzt** (s. Ätzprobe S. 9). Mischt man die Substanz mit Kieselsäure und erhitzt dann mit konz. H_2SO_4, so entstehen **Dämpfe von SiF_4, die einen Wassertropfen an einem Glasstab trüben** (SiO_2-Ausscheidung).
2. $AgNO_3$ gibt mit dem neutralisierten Sodaauszug **keine Fällung**, da AgF in Wasser löslich ist.
3. $BaCl_2$ gibt mit löslichen Fluoriden weißes BaF_2, das in viel Säure löslich ist.
4. $CaCl_2$ gibt weißes schleimiges CaF_2, unlöslich in Essigsäure.

Unterchlorige Säure HOCl und ClO′ (frei sehr zersetzlich):

1. Konz. H_2SO_4 gibt mit festen Hypochloriten **Chlor**.
2. $AgNO_3$ gibt mit neutralisiertem Sodaauszug anfangs AgClO, das sich schnell zu AgCl zersetzt.
3. **Jodkaliumstärkepapier wird gebläut, Indigolösung wird auch in alkalischer Lösung gelb** (Unterschied von ClO_3, das nur in saurer Lösung einwirkt). **Lackmuspapier wird gebleicht** (in alkalischer und saurer Lösung).
4. $MnCl_2$ gibt in alkalischer Lösung **schwarzes MnO_3H_2**. (Analoge Oxydationswirkungen entstehen mit FeO-, NiO-, CoO- u. a. Salzen.)

Chlorsäure $HClO_3$:

1. Konz. H_2SO_4 gibt **gelbes ClO_2, das beim Erhitzen explodiert** (Vorsicht!).
2. Mit konz. HCl entsteht beim Erwärmen **Chlor** (und ClO_2).
3. Feste Salze entwickeln beim Glühen Chloride und Sauerstoff und verpuffen auf der Kohle.
4. $AgNO_3$ und $BaCl_2$ geben mit dem neutralisierten Sodaauszug keinen Niederschlag, da $AgClO_3$ und $Ba(ClO_3)_2$ löslich sind.
5. KJ scheidet aus der **angesäuerten** Lösung **Jod** aus, nicht aus der neutralen oder alkalischen Lösung (Unterschied von ClO′).

Überchlorsäure $HClO_4$ resp. ClO_4':

1. Konz. H_2SO_4 wirkt nicht merkbar ein.
2. $AgNO_3$, $BaCl_2$ geben keinen Niederschlag, da $AgClO_4$ und $Ba(ClO_4)_2$ löslich sind.
3. KJ scheidet weder in saurer noch in alkalischer Lösung Jod aus, sondern gibt in der Kälte schwer lösliches $KClO_4$.
4. Indigolösung wird auch in saurer Flüssigkeit nicht entfärbt.
5. K-Salze geben **weißes, in Kälte schwer lösliches $KClO_4$**, das sich in heißem H_2O löst, beim Abkühlen wieder ausscheidet.

Nachweis von Cl_2, Cl', ClO', ClO_3', ClO_4', nebeneinander.
Cl_2 erkennt man am Geruch und an der Bläuung von Jodkaliumstärkepapier. — Bei Anwesenheit von ClO' entfärbt der alkalische Sodaauszug Indigolösung und scheidet J aus KJ aus (bläut KJ-Stärkepapier). — Um Cl' neben ClO' nachzuweisen, säuert man den Sodaauszug mit H_2SO_4 ganz schwach an und schüttelt so lange mit Hg, bis KJ-Stärkepapier nicht mehr gebläut wird. Dann filtriert man und gibt $AgNO_3$ zu: weißes AgCl, wenn Cl' vorhanden war. — Um ClO_3' neben Cl' nachzuweisen, säuert man den Sodaauszug mit HNO_3 an, fällt Cl' mit überschüssigem $AgNO_3$ aus und filtriert. Zum Filtrat setzt man zur Reduktion von ClO_3' schweflige Säurelösung, wobei AgCl ausfällt. — Zum Nachweis von ClO_4' gibt man KCl zu: weißer krystallinischer Niederschlag von $KClO_4$ (in der Hitze löslich, in K wieder ausfallend) zeigt ClO_4 an.

Bromsäure $HBrO_3$ resp. BrO_3':
1. Konz. H_2SO_4 färbt in der Kälte gelb und entwickelt Sauerstoff, beim Erhitzen heftige Zersetzung, Br-Dämpfe.
2. $AgNO_3$ in konz. schwach saurer Lösung gelbliches $AgBrO_3$, löslich in HNO_3.
3. $BaCl_2$ in konz. Lösung weißes $Ba(BrO_3)_2$, löslich in starken Säuren.
4. Reduktionsmittel (SO_2-Lösung, H nasc.) reduzieren zu Br_2 resp. Br'.
5. Feste Salze zerfallen beim Glühen in Bromide und Sauerstoff.

Jodsäure HJO_3 resp. JO_3':
1. Konz. H_2SO_4 wirkt weder in der Kälte noch in der Hitze sichtbar ein.
2. $AgNO_3$ fällt weißes $AgJO_3$ (käsig), schwer löslich in HNO_3, leicht löslich in NH_3.
3. $BaCl_2$ fällt weißes $Ba(JO_3)_2$, allmählich löslich in HNO_3.
4. KJ zu dem mit H_2SO_4 angesäuerten Sodaauszug scheidet Jod aus (gelbbraun).
5. Feste Salze zerfallen beim Glühen in Jodide und Sauerstoff.

Nachweis von Br', J', BrO_3', JO_3' nebeneinander: Man säuert den Sodaauszug mit HNO_3 an, fällt mit überschüssigem $AgNO_3$, Cl', Br', J' als AgCl, AgBr, AgJ aus und filtriert. Das Filtrat wird mit Na-Acetat versetzt, wodurch $AgBrO_3$ und $AgJO_3$ ausfallen. Man filtriert ab, löst in HNO_3, unterschichtet mit CS_2 und gibt tropfenweise SO_2-Lösung zu. Dann wird zuerst Br_2, dann J_2 frei, die CS_2 färben.

Säuren des Schwefels. (Alle geben die Heparreaktion).

Schwefelwasserstoff H_2S bzw. S'':

1. Verd. H_2SO_4 entwickelt H_2S (Geruch, Schwärzung von Bleipapier).
2. $AgNO_3$ fällt schwarzes Ag_2S, löslich in konz. HNO_3.
3. $BaCl_2$ kein Niederschlag.
4. Nitroprussidnatrium $Na_2Fe(CN)_5NO$ gibt mit der alkalischen Lösung wasserlöslicher Sulfide schön rotviolette Färbung.

Hydroschweflige Säure $H_2S_2O_4$ (frei unbeständig, Natriumhydrosulfit $Na_2S_2O_4$ viel zu Reduktionszwecken verwendet):

1. Beim Erhitzen von $Na_2S_2O_4$ tritt nach vorübergehender Gelbfärbung SO_2-Entwicklung auf, dann Dunkelbraunfärbung, Teigigwerden der Masse und Abdestillieren von S.
2. $AgNO_3$ fällt Gemenge von $Ag_2S + S$.
3. **Indigolösung** wird durch Hydrosulfitlösung sofort **entfärbt**; beim Stehen an der Luft wird die Lösung allmählich wieder blau.
4. **Ammoniakalische Kupferlösung** (Cu-Salz + überschüss. NH_3) wird sofort entfärbt und scheidet beim Erwärmen metallisches Cu aus.

Schweflige Säure SO_2 bzw. SO_3'':

1. **Konz.** H_2SO_4 entwickelt aus Salzen heftig SO_2 (Geruch, Schwärzung von Mercuronitratpapier). HCl verhält sich ebenso.
2. $AgNO_3$ fällt aus neutralisiertem Sodaauszug bei Zimmertemperatur **weißes** Ag_2SO_3, löslich in HNO_3; wird beim Kochen grau vom metallischen Ag.
3. $BaCl_2$ fällt weißes $BaSO_3$, löslich in HNO_3; gibt beim Kochen weißes $BaSO_4$.
4. Mit durch H_2SO_4 angesäuerter $K_2Cr_2O_7$-Lösung wird es grün.
5. **Jodjodkaliumlösung** wird entfärbt.

Thioschwefelsäure $H_2S_2O_3$, $SO_2\genfrac{}{}{0pt}{}{\diagup OH}{\diagdown SH}$ bzw. S_2O_3

(frei unbeständig, Salze beständig):

1. Beim Erhitzen im Glühröhrchen scheidet sich S ab.
2. Verd. und konz. H_2SO_4 sowie Säuren überhaupt scheiden erst weißen, dann gelben S kolloidal ab, während SO_2 gebildet wird.
3. $AgNO_3$ fällt **weißes** $Ag_2S_2O_3$, das sich rasch gelb, braun und schwarz (Ag_2S) färbt. $Ag_2S_2O_3$ ist löslich in HNO_3 und Überschuß von $Na_2S_2O_3$.
4. $BaCl_2$ fällt aus konz. Lösungen **weißes** BaS_2O_3, löslich in Säuren und heißem H_2O.
5. **Jodjodkaliumlösung** wird von neutraler oder saurer Thiosulfatlösung entfärbt.

Schwefelsäure H_2SO_4 bzw. SO_4'':
1. $AgNO_3$ fällt aus verd. Lösungen nichts, aus konz. Lösungen weißes Ag_2SO_4, das beim Verdünnen löslich ist.
2. $BaCl_2$ fällt **weißes** $BaSO_4$, unlöslich in Säuren.
3. **Pb-Acetat** fällt **weißes** $PbSO_4$, löslich in KOH und einer mit überschüssigem NH_3 versetzten Lösung von Weinsäure oder Essigsäure (sogen. basisch weinsaures oder essigsaures Ammonium).

Perschwefelsäure $H_2S_2O_8$:
1. Verd. und konz. H_2SO_4 ohne sichtbare Reaktion.
2. $AgNO_3$ in der Kälte keine Fällung, beim Kochen schwarzes Ag_2O_2.
3. $BaCl_2$ gibt in der Kälte keine Fällung, beim Kochen scheidet sich $BaSO_4$ ab.

4. Mn-, Pb-, Co-, Ni-Salze scheiden aus alkalischen Lösungen von Perschwefelsäure MnO_3H_2, PbO_2, CoO_3H_3, NiO_3H_3 dunkelfarbig ab.

5. $KMnO_4$ mit H_2SO_4 angesäuert wird von Persulfat nicht entfärbt (Unterschied von H_2O_2); Titansulfat gibt keine Gelbfärbung (Unterschied von H_2O_2).

Nachweis von S'', SO_3'', S_2O_3'' und SO_4'' nebeneinander. Man versetzt den Sodaauszug mit ammoniakalischer $ZnCl_2$-Lösung [$Zn(NH_3)_6Cl_2$]. Bei Anwesenheit von S'' fällt ZnS nieder. Das Filtrat davon wird neutralisiert und mit $Sr(NO_3)_2$-Lösung versetzt: Niederschlag von $SrSO_3$ und $SrSO_4$, von denen ersteres sich in verd. HCl löst, letzteres zurückbleibt. Filtrat davon entfärbt tropfenweise zugesetzt Jodjodkaliumlösung. — Säuert man das Filtrat vom $Sr(NO_3)_2$-Niederschlag an, so scheidet sich S kolloidal ab, falls S_2O_3'' vorhanden ist.

Säuren des Stickstoffs.

Salpetrige Säure HNO_2 bzw. NO_2':

1. Verd. H_2SO_4 macht aus allen Nitriten rotbraune Dämpfe frei, konz. H_2SO_4 ebenso, aber viel energischer.

2. $AgNO_3$ fällt weißes $AgNO_2$, das sich in viel kochendem Wasser löst und sich beim Erkalten in Nadeln ausscheidet.

3. Ferrosulfat in verd. oder konz. H_2SO_4 gibt beim Überschichten mit Nitritlösung eine braune Zone.

4. KJ scheidet aus mit Essigsäure angesäuerter Nitritlösung Jod aus.

5. Diphenylamin in konz. H_2SO_4 gibt mit Nitriten Blaufärbung.

6. Nitron in essigsaurer Lösung gibt weißen Niederschlag von Nitronnitrit.

7. m-Phenylendiamin in Säure gelöst gibt mit Nitrit eine gelbe Färbung.

8. Eine mit H_2SO_4 versetzte Lösung von $KMnO_4$ wird durch Nitrit entfärbt.

Salpetersäure HNO_3 bzw. NO_3':

1. Verd. H_2SO_4 reagiert nicht merklich, konz. H_2SO_4 gibt erst in der Hitze rotbraune Dämpfe (salpetrige Säure gibt schon in der Kälte sofort rote Dämpfe).

2. Löse die auf HNO_3 zu prüfende Substanz in möglichst wenig Wasser, gib reine, konz. H_2SO_4 zu und überschichte mit einer konz. Lösung von Eisenvitriol: dunkelbraune bis rötliche Zone an der Berührungsstelle zeigt HNO_3 an.

3. $AgNO_3$ und $BaCl_2$ geben keine Fällung.

4. Diphenylamin in reiner konz. H_2SO_4 gibt Blaufärbung.

5. Nitron in essigsaurer Lösung gibt weißes Nitronnitrat.

6. Brucin in konz. H_2SO_4 gibt rote Färbung, die über Orange gelb wird.

Säuren des Phosphors.

(Geben alle mit Mg geglüht und angefeuchtet Phosphorwasserstoffgeruch.)
Unterphosphorige Säure $HPO_2 \cdot OH$. Frei wenig beständig, haltbarer ist Na-Hypophosphit $Na_2O_2PH_2 \cdot H_2O$, wirkt stark reduzierend.

1. Erhitzen von festem Hypophosphit gibt riechenden und brennenden Phosphorwasserstoff (sehr giftig! Vorsicht! Abzug!) und Pyrophosphat.

2. Konz. H_2SO_4 entwickelt beim Erwärmen mit Hypophosphit SO_2 und scheidet S ab (Reduktion).

3. $AgNO_3$ gibt mit neutraler Hypophosphitlösung anfangs weißen Niederschlag, der bald braun und schwarz wird; saure Phosphitlösung reduziert sofort zu metall. Ag.

4. Mit konz. NaOH entwickelt Na-Hypophosphit Wasserstoff.

Phosphorige Säure H_3PO_3 bzw. PO_3H'' resp. $OPH(OH)_2$ wirkt stark reduzierend; nur 2 H-Atome sind durch Metalle ersetzbar.

1. Konz. H_2SO_4 wird beim Kochen mit phosphoriger Säure zu SO_2 reduziert.

2. $AgNO_3$ fällt anfangs weißes Ag_2HPO_3, das bald zu metall. Ag (schwarz) reduziert wird.

3. $BaCl_2$ fällt weißes $BaHPO_3$, leicht löslich in HNO_3.

4. $HgCl_2$ wird erst zu weißem HgCl und dann zu grauem Hg reduziert.

Phosphorsäure (Ortho-) H_3PO_4 bzw. PO_4''' (alle 3 H-Atome sind durch Metalle ersetzbar, die neutral reagierenden Alkalisalze haben nur 2 H-Atome ersetzt):

1. **Verd. und konz.** H_2SO_4 sind ohne Einwirkung.

2. $AgNO_3$ **fällt gelbes** Ag_3PO_4, löslich in HNO_3 und NH_3.

3. $BaCl_2$ **fällt weißes** $BaHPO_4$, bei Gegenwart von NH_3 weißes $Ba_3(PO_4)_2$, beide löslich in Essig- und Mineralsäuren.

4. **Magnesiamixtur** (Mg-Salz + NH_4Cl + NH_3) fällt weißes krystallinisches $Mg(NH_4)PO_4 \cdot 6\ H_2O$, löslich in Säuren.

5. **Ammonmolybdat** im Überschuß zur salpetersauren Phosphatlösung gesetzt und erwärmt gibt Gelbfärbung und bald festes gelbes $(NH_4)_3PO_4 \cdot 12\ MoO_3$ (Anwesenheit von Cl', und von organischer Substanz können die Reaktion stören, Kieselsäure gibt Gelbfärbung. Arsensäure gibt einen ähnlich zusammengesetzten Niederschlag, aber langsamer.)

Metaphosphorsäure HPO_3 bzw. PO_3'. (Die Phosphorsalzperle besteht aus $NaPO_3$. Geht in wässeriger Lösung bald in H_3PO_4 über.)

1. $AgNO_3$ fällt weißes $AgPO_3$, löslich in HNO_3, NH_3 und im Überschuß von Metaphosphat.

2. **Eiweißlösung** zu mit Essigsäure versetzter $NaPO_3$-Lösung gesetzt, wird koaguliert (Unterschied von o- und Pyro-Phosphat).

3. **Magnesiamixtur** gibt mit verd. Lösung von $NaPO_3$ weder kalt noch heiß einen Niederschlag (Unterschied von o- und Pyro-Phosphat).

4. **Molybdänlösung** gibt mit mit Salpetersäure angesäuerter m-Phosphatlösung erst nach einiger Zeit (wenn m-Phosphat in o-Phosphat übergegangen ist) den gelben Niederschlag.

Pyrophosphorsäure $H_4P_2O_7$ bzw. P_2O_7''''. (Na-Salz entsteht durch Erhitzen von Na_2HPO_4. Geht in wässeriger Lösung bald in H_3PO_4 über.)

1. $AgNO_3$ fällt aus neutraler Lösung weißes $Ag_4P_2O_7$, löslich in HNO_3 und NH_3.
2. **Ammonmolybdat** gibt in der Kälte mit salpetersaurer Pyrophosphatlösung keinen Niederschlag, sondern erst beim Kochen, wenn sie in gewöhnliches Phosphat verwandelt ist.

Säuren des Bors
(färben die Flammen grün).

Die 3 **Borsäuren** H_3BO_3 (o-), HBO_2 bzw. BO_2' (m-), $H_2B_4O_7$ (Tetra- oder Pyro-) gehen in wässerigen Lösungen leicht ineinander über. Sie geben alle die gleichen Reaktionen.
1. Mit konz. H_2SO_4 zerrieben, dann Alkohol (besser Methylalkohol) zugesetzt und angezündet: grüne Flamme von $B(OC_2H_5)_3$.
2. $AgNO_3$ gibt in der Kälte weißes $AgBO_2$, löslich in HNO_3 und NH_3. Beim Kochen spaltet sich der Niederschlag zu braunem Ag_2O.
3. $BaCl_2$ fällt weißes $Ba(BO_2)_2$, löslich in HNO_3, in NH_4Cl und in überschüssigem $BaCl_2$.
4. **Curcumapapier**, in eine salz- oder schwefelsaure Boratlösung getaucht, wird nach Trocknen **rotbraun**. Nun mit KOH betupft, wird es vorübergehend blauschwarz.

Säuren des Siliciums
(Skelett in Phosphorsalzperle).

Lösliche **Kieselsäuren** H_2SiO_3, H_4SiO_4.
1. Beim **Ansäuern** (HCl) geben wässerige Lösungen gallertartige Fällungen von hydrat. Kieselsäuren; löslich in Na_2CO_3 und NaOH. Dampft man die Flüssigkeit mit konz. HCl mehrmals zur Trockne und nimmt dann mit verd. Säure wieder auf, so bleibt SiO_2 als unlöslicher Rückstand.
2. **Ammoniumsalze** fällen gallertartige hydratische Kieselsäuren (H_4SiO_4, H_2SiO_3 u. a.).
3. HF verwandelt SiO_2 und trockene Silicate in gasförmiges SiF_4, das Wasser trübt.

Säuren des Arsens
(geben mit Soda und Cyankalium im Glühröhrchen Arsenspiegel).

Arsenige Säure H_3AsO_3 ($HAsO_2$) resp. AsO_3''':
1. $AgNO_3$ fällt aus neutraler Lösung gelbes Ag_3AsO_3, löslich in HNO_3 und NH_3.
2. H_2S fällt aus saurer Lösung gelbes As_2S_3, löslich in $(NH_4)_2S$, NH_3 und $(NH_4)_2CO_3$, unlöslich in HCl.
3. **Jodjodkaliumlösung** (wenig) wird von mit $NaHCO_3$ versetzter Arsenigsäurelösung entfärbt.
4. $SnCl_2$ in konz. HCl (Bettendorfs Reagens) scheidet beim Erwärmen schwarzes As aus.

Arsensäure H_3AsO_4 bzw. AsO_4''':

1. $AgNO_3$ fällt aus neutraler Lösung schokoladenbraunes Ag_3AsO_4, löslich in HNO_3 und NH_3.
2. Magnesiamixtur (Mg-Salz + NH_4Cl + NH_3) fällt weißes krystallin. $Mg(NH_4)AsO_4 \cdot 6 H_2O$.
3. Molybdänsaures NH_4 fällt in der Siedehitze aus salpetersaurer Arsensäurelösung gelbes $(NH_4)_3AsO_4 \cdot 12 MoO_3$.
4. $SnCl_2$ in konz. HCl (Bettendorfs Reagens) scheidet beim Erwärmen schwarzes As aus.

Säuren des Chroms und Mangans.

Chromsäure H_2CrO_4 bzw. CrO_4'':

1. Verd. H_2SO_4 u. a. Säuren verwandeln gelbes CrO_4'' in orangefarbiges Cr_2O_7''.
2. $AgNO_3$ fällt braunrotes Ag_2CrO_4, löslich in HNO_3 und NH_3.
3. $BaCl_2$ fällt hellgelbes $BaCrO_4$, löslich in HNO_3, unlöslich in Essigsäure.
4. Pb-Acetat fällt aus neutraler oder essigsaurer Lösung gelbes $PbCrO_4$, löslich in HNO_3.
5. Konz. HCl gibt beim Erhitzen mit Chromaten Grünfärbung unter Chlorentwicklung (Reduktion von CrO_4'' zu Cr'''). Ebenso reduzieren SO_2, H_2S u. a.
6. H_2O_2 zu saurer Chromatlösung gesetzt gibt Blaufärbung von Überchromsäure H_3CrO_8, die sich in Äther auflöst und rasch unter Sauerstoffentwicklung und Grünfärbung zersetzt.

Mangansäure H_2MnO_4 zersetzt sich in freiem Zustand resp. saurer Lösung sofort zu MnO_2 und rotem Permanganat. Beständig sind nur stark alkalische Lösungen. Na_2MnO_4 ist der grüne Bestandteil der Manganschmelze mit Soda und Salpeter.

Übermangansäure $HMnO_4$ resp. MnO_4':

1. Verd. H_2SO_4 macht aus Salzen $HMnO_4$ frei; konz. H_2SO_4 gibt mit festen Permanganaten das höchst explosive dunkle, ölige Mn_2O_7 (Vorsicht!).
2. Reduktionsmittel wie SO_2, $SnCl_2$, $FeSO_4$, Oxalsäure u. a. entfärben saure Permanganatlösung (aus neutraler oder alkalischer Permanganatlösung scheiden sie MnO_3H_2 unter Entfärbung ab).
3. Aus KJ wird durch angesäuerte Permanganatlösung Jod in Freiheit gesetzt.

Säuren des Kohlenstoffs
(Organische Säuren).

Kohlensäure CO_2 bzw. CO_3'':

1. Verd. und konz. H_2SO_4 machen aus Carbonaten CO_2 frei, die BaO_2H_2 (am Glasstab oder beim Überleiten) trübt. HCl verhält sich ebenso und es ist sicherer mit ihr die Probe zu machen.
2. $AgNO_3$ fällt weißes Ag_2CO_3, löslich in HNO_3, wird durch Kochen in braunes Ag_2O verwandelt.
3. $BaCl_2$ fällt weißes $BaCO_3$, löslich in HNO_3.

Essigsäure $CH_3 \cdot COOH$ bzw. $C_2O_2H_3'$:

1. Verd. und konz. H_2SO_4 geben beim Erhitzen Essiggeruch. Fügt man zur Lösung in konz. H_2SO_4 Alkohol und kocht, so entsteht der charakteristische Essigestergeruch.
2. $AgNO_3$ gibt nur in konz. Lösung weißes $AgOCOCH_3$, löslich in viel Wasser.
3. $BaCl_2$ gibt keinen Niederschlag.
4. $FeCl_3$ gibt mit neutralen Acetatlösungen blutrote Färbung; beim Verdünnen und Kochen fällt braunes basisches Ferriacetat $Fe(OH)_2OCOCH_3$.
5. Trockenes Acetat mit wenig festem KOH (oder Natronkalk oder trockener Soda) und As_2O_3 erhitzt gibt den unangenehmen Kakodylgeruch.

Oxalsäure $H_2C_2O_4$ bzw. C_2O_4'':

1. Verd. H_2SO_4 ohne Einwirkung.
2. Konz. H_2SO_4 zersetzt beim starken Erhitzen zu $CO_2(BaO_2H_2)$ und CO (brennt mit blauer Farbe): keine C-Abscheidung.
3. $AgNO_3$ fällt weißes $Ag_2C_2O_4$, löslich in HNO_3 und NH_3.
4. $BaCl_2$ fällt weißes BaC_2O_4, löslich in HNO_3, schwer löslich in Essigsäure.
5. $CaCl_2$ fällt weißes CaC_2O_4, löslich in Mineralsäuren, unlöslich in Essigsäure.

Weinsäure $H_2C_4O_6H_4$ bzw. $C_4O_6H_4''$:

1. Erhitzen im Glühröhrchen gibt brenzlichen (Caramel-) Geruch und Verkohlung.
2. Konz. H_2SO_4 verkohlt bei starkem Erhitzen, wobei SO_2 entsteht.
3. $AgNO_3$ fällt weißes $Ag_2C_4O_6H_4$, löslich in HNO_3 und NH_3. Beim Kochen scheidet sich metallisches Ag (oft als Spiegel) ab.
4. $BaCl_2$ fällt weißes $BaC_4O_6H_4$, löslich in Säuren, auch in Essigsäure.
5. $CaCl_2$ fällt weißes krystallinisches $CaC_4O_6H_4$, löslich in Essigsäure (Unterschied von Oxalsäure).

6. K-Salze geben in neutralen weinsauren Salzlösungen keine Fällung. Säuert man mit Essigsäure an, so fällt Weinstein $KHC_4O_6H_4$ aus.

Cyanwasserstoffsäure HCN bzw. CN'
(Geruch nach bitteren Mandeln. Giftig!):

1. Verd. H_2SO_4 entwickelt in der Kälte HCN [nicht mit $AgCN$ und $Hg(CN)_2$].
2. Konz. H_2SO_4 entwickelt HCN und CO.
3. $AgNO_3$ fällt weißes $AgCN$, unlöslich in HNO_3, löslich in NH_3, KCN und $Na_2S_2O_3$.
4. Alkalicyanid mit etwas $FeSO_4$, $FeCl_3$ und mit Natronlauge erhitzt, gibt beim Ansäuern **Berlinerblau** $Fe^{III}_4[Fe(CN)_6]_3$.

Rhodanwasserstoffsäure $HSCN$ bzw. SCN' (Heparreaktion):
1. Beim Erhitzen schmelzen Alkalirhodanide und **färben sich erst gelb, dann grün und blau, um beim Erkalten wieder weiß zu werden.** — Hg-Rhodanide blähen sich stark auf (Pharaoschlangen).
2. Konz. H_2SO_4 reagiert heftig unter Entwicklung stechend riechender Dämpfe und Abscheidung von Schwefel.
3. $AgNO_3$ fällt weißes käsiges $AgSCN$, unlöslich in HNO_3 und NH_3.
4. $BaCl_2$ gibt keinen Niederschlag.
5. $FeCl_3$ gibt blutrote Färbung von $Fe(SCN)_3$, die durch HCl nicht verschwindet (Unterschied von Ferriacetat).
6. $CuSO_4$ fällt schwarzes $Cu(SCN)_2$, fügt man SO_2 zu und erwärmt, so entsteht weißes $CuSCN$.

Ferrocyanwasserstoffsäure $H_4Fe(CN)_6$ bzw. $Fe(CN)_6''''$:

1. Verd. H_2SO_4 entwickelt erst in der Hitze HCN (Unterschied von HCN).
2. Konz. H_2SO_4 zersetzt in der Hitze unter Entwicklung von CO (und SO_2).
3. $AgNO_3$ fällt weißes $Ag_4Fe(CN)_6$, unlöslich in HNO_3 und NH_3.
4. $BaCl_2$ keine Fällung.
5. $FeCl_3$ gibt Berlinerblau $F^{III}_4[Fe(CN)_6]_3$.
6. $CuSO_4$ fällt braunes $Cu_2Fe(CN)_6$.

Ferricyanwasserstoffsäure $H_3Fe(CN)_6$ bzw. $Fe(CN)_6'''$:

1. Verd. H_2SO_4 entwickelt in der Hitze HCN (Unterschied von HCN).
2. Konz. H_2SO_4 zersetzt unter Entwicklung von CO (und SO_2).
3. $AgNO_3$ fällt orangerotes $Ag_3Fe(CN)_6$, unlöslich in HNO_3, löslich in NH_3.
4. $BaCl_2$ keine Fällung.
5. $FeSO_4$ (Ferrosalz) fällt **Turnbulls Blau** $Fe^{II}_3[Fe(CN)_6]_2$.
6. $CuSO_4$ fällt grünes $Cu_3[Fe(CN)_6]_2$.
7. KJ scheidet Jod aus.

Nachweis von Cl′ neben CN′. Man destilliert die Substanz mit überschüssigem $NaHCO_3$ im Reagensglas mit Überleitungsrohr (für CO_2-Nachweis) in ein Reagensglas das $AgNO_3 + HNO_3$ enthält. Entsteht ein Niederschlag, so ist CN′ nachgewiesen. Im Rückstand ist Cl· nachweisbar.

Anhang.
Die Theorie der elektrolytischen Dissoziation
(Dissoziationstheorie, Ionentheorie).

In wässerigen Lösungen reagieren Säuren, Basen und Salze so, als ob sie aus zwei Teilen beständen: $CuSO_4$ z. B. so, als ob es aus Cu und SO_4; $AgNO_3$ so, als ob es aus Ag und NO_3 zusammengesetzt wäre und nicht aus Cu, S und O resp. Ag, N und O. Die gleichen Körper leiten auch den elektrischen Strom und werden durch ihn ebenfalls so zersetzt, als ob sie zweiteilig (z. B. aus Cu und SO_4 resp. Ag und NO_3) zusammengesetzt wären. Analytische Reaktionsfähigkeit und elektrolytische Zersetzung gehen bei Säuren, Basen und Salzen (sog. Elektrolyten) besonders in wässerigen Lösungen parallel. Dies merkwürdige Verhalten wird durch die Theorie der elektrolytischen Dissoziation, auch kurz Dissoziationstheorie oder Ionentheorie genannt, erklärt.

Diese Theorie nimmt an, daß die analytischen Reaktionen und elektrolytischen Zersetzungen nicht durch die ganzen Moleküle der Elektrolyte hervorgerufen werden, sondern durch positiv oder negativ geladene Spaltstücke der Moleküle, die man Ionen nennt und die ihre Ladungen neutralisieren.

Ionen sind somit positiv oder negativ elektrisch geladene Atome oder Atomgruppen. Die positiven und negativen Ladungen haften in Quanten von je 96500 Coulomb oder einfachen Vielfachen davon an den Atomen oder Atomgruppen. Je nach der Zahl der Quanten unterscheidet man 1-, 2-, 3- usw. wertige Ionen. Bei einwertigen Ionen sind somit 1×96500 Coulomb positive oder negative Elektrizität mit 1 Atom oder 1 Atomgruppe verbunden, bei zweiwertigen 2×96500 Coulomb.

Die positiv geladenen Ionen nennt man Kationen und kennzeichnet sie durch das Buchstabensymbol mit einem oder mehreren Punkten rechts oben, z. B. $Ag^{\cdot}$, $(NH_4)^{\cdot}$, $Cu^{\cdot\cdot}$, $Al^{\cdot\cdot\cdot}$ u. a.

Die negativ geladenen Ionen heißen Anionen und sind durch das Buchstabensymbol mit einem oder mehreren Strichen rechts oben gekennzeichnet, z. B. Cl', SO_4'', PO_4''' usw.

Die Ionen können als eine Art von chemischen Verbindungen des Atoms oder der Atomgruppe mit den Quanten positiver oder negativer Elektrizität aufgefaßt werden (Elektroaffinität). Je nach ihrer Natur sind die Atome oder Atomgruppen sehr fest oder sehr wenig fest mit den elektrischen Ladungen verbunden (elektroaffin) mit allen Zwischenstadien. Man hat die Ionen zu sog. Elektroaffinitätsreihen zusammengestellt, die mit den Ionen beginnen, die die elektrische Ladung am festesten halten, dann die von immer abnehmender Elektroaffinität bringen und mit den am schwächsten elektroaffinen schließen:

K·, Na·, Li·, Ba··, Sr··, Ca··, Mg··, Al···, Mn··, Zn··, Cd··, Cr···, Fe··, Ni··, Sn··, Pb··, **H·**, Cu··, As···, Sb···, Bi···, Hg·, Ag·. [1])

F′, NO$_3'$, ClO$_3'$, C$_l'$, SO$_4''$, Br′, J′, PO$_4'''$, CO$_3''$, CrO$_4''$, SiO$_3''$, SH′, (H$_2$BO$_3$)′, **OH′**, CN′, O″, S″.

Bringt man z. B. ein in der Reihe vorstehendes Element (nicht Ion) mit einer Ionen enthaltenden Lösung eines nachstehenden in Berührung, so gibt das Ion seine Ladung an das Element und scheidet sich nicht ionisiert ab, während das Element in den Ionenzustand übergeht: z. B. Zink, Fe usw. scheiden Cu aus Kupferlösungen aus, Cl setzt Br und J, Br setzt J aus den Lösungen ihrer Salze in Freiheit.

Zn + Cu·· = Zn·· + **Cu**,
Cl$_2$ + 2 Br′ = 2 Cl′ + **Br$_2$**,
Cl$_2$ + 2 J′ = 2 Cl′ + **J$_2$**.

Durch seine stärkere Elektroaffinität vermag also ein in der Reihe vorstehendes Element dem Ion eines in der Reihe nachstehenden seine elektrische Ladung gleichsam zu entziehen und es so in Freiheit zu setzen.

Die Moleküle der Elektrolyte wie HCl, NaOH, NaCl, CuSO$_4$ u. a. zerfallen in wässeriger Lösung ganz oder teilweise in H· + Cl′ resp. Na· + (OH)′, Na· + Cl′, Cu·· + SO$_4''$.

Säuren sind somit im Sinne der Ionentheorie Verbindungen, deren wässerige Lösungen Wasserstoffionen, Basen solche, deren wässerige Lösungen Hydroxylionen enthalten. Starke Säuren oder Basen sind solche, die in wässeriger Lösung stark dissoziieren, schwache Säuren und Basen solche, die in analoger Lösung wenig Ionen bilden.

Die analytischen Reaktionen kommen dadurch zustande, daß Ionen entgegengesetzter elektrischer Ladung äquivalente Quanten positiver und negativer Elektrizität ausgleichen und so elektrisch neutrale Moleküle bilden (die in den folgenden Formeln fett gedruckt sind), z. B.:

H· + Cl′ + Na· + (OH)′ = **H$_2$O** + Na· + Cl′ } Neutralisa-
2 H· + SO$_4''$ + 2 Na· + 2 (OH)′ = **2 H$_2$O** + 2 Na· + SO$_4''$ } tion.
Na· + Cl′ + Ag· + NO$_3'$ = **AgCl** + Na· + NO$_3'$ } Fällung.
Ba·· + 2 Cl′ + 2 H· + SO$_4''$ = **BaSO$_4$** + 2 H· + 2 Cl′ }

Solche Vereinigungen von Ionen entgegengesetzten Vorzeichens zu elektroneutralen Molekülen finden besonders dann statt, wenn solche

---

[1]) Diese Reihenfolge hängt nicht nur von der Natur des Metalles, sondern auch von der Konzentration der Ionen in der Lösung ab. Sie kann sich danach in beschränkten Grenzen ändern.

Ionen in Lösungen zusammenkommen, die entweder zu einer wenig dissoziierbaren Verbindung (wie H_2O) oder zu einer schwer löslichen Verbindung (wie AgCl, $BaSO_4$ u. a.) zusammentreten können.

Mit dieser Theorie erklärt es sich, warum die wässerigen Lösungen zweiteilig reagieren und warum Halogene, wenn sie mit den verschiedensten anderen Atomen oder Atomgruppen (z. B. in $BaCl_2$, $FeCl_3$ usw.) zu Salzen vereinigt sind, in wässeriger Lösung mit Ag-Lösung stets den gleichen Niederschlag von Halogensilber geben. Die Frage, warum KJ-Lösung mit Ag-Lösung AgJ gibt, nicht aber KJO_3-Lösung, beantwortet sich dahin, daß nur KJ-Lösung J-Ionen enthält, KJO_3-Lösung dagegen nicht, sondern JO_3-Ionen, die mit Ag-Ionen darum auch kein AgJ, sondern $AgJO_3$ geben, das nur in konz. Lösung ausfällt. Daß viele Halogenverbindungen des Kohlenstoffs in wässeriger Lösung mit Ag-Lösung keinen Niederschlag geben, rührt daher, daß an Kohlenstoff gebundenes Halogen meist nicht in den Ionenzustand überzugehen vermag. Darum müssen organische Verbindungen beim Analysengang zerstört resp. entfernt werden.

In konz. wässerigen Lösungen sind die Moleküle von Elektrolyten wenig, in immer verdünnter werdenden werden sie immer mehr in Ionen gespalten. Aber nur in sehr verdünnten Lösungen kann man bei starken Elektrolyten völlige Dissoziation in Ionen annehmen. Die gewöhnlichen analytischen Lösungen (Reagenslösungen) enthalten nur teilweise dissoziierte Moleküle, und es herrscht für jede Temperatur und Konzentration bei jedem Elektrolyten ein Gleichgewichtszustand zwischen undissoziierten Molekülen und Ionen, was man durch folgende und analoge Gleichungen ausdrückt.

$$HCl \rightleftarrows H^{\cdot} + Cl'$$
$$NaOH \rightleftarrows Na^{\cdot} + (OH)'$$
$$NaCl \rightleftarrows Na^{\cdot} + Cl'.$$

Für jede bestimmte Temperatur[1]) und Konzentration ist das Verhältnis der Mengen links zu denen rechts konstant. Man kann das entsprechend dem Guldberg-Waageschen Gesetz in den angezogenen Fällen so ausdrücken:

$$\frac{[H^{\cdot}] \times [Cl']}{[HCl]} = \text{Konst.} \quad \frac{[Na^{\cdot}] \times [OH']}{[NaOH]} = \text{Konst.} \quad \frac{[Na^{\cdot}] \times [Cl']}{[NaCl]} = \text{Konst.}$$

Die Klammerausdrücke bedeuten die Konzentrationen (Gramm-Menge in der Volumeinheit) des Eingeklammerten.

Die analytischen Operationen mit Lösungen bestehen nun vielfach darin, daß man Reagenslösungen vermischt, verdünnt oder konzen-

---

[1]) Zwei- und mehrbasische Säuren dissoziieren teilweise und völlig. Das Gleichgewicht ist hier komplizierter, z. B.: $H_2SO_4 \rightleftarrows H^{\cdot} + (HSO_4)' \rightleftarrows H^{\cdot} + SO_4''$.

triert. Hierbei finden fortwährend Beeinflussungen des Gleichgewichts statt, von denen wir einige besprechen wollen.

Bei Fällungen z. B. von $Ba^{..}$ und $Pb^{..}$ durch SO_4'' oder umgekehrt genügen erfahrungsgemäß genau äquivalente Mengen beider Ionen nicht, um eine vollständige Ausfällung von $BaSO_4$ resp. $PbSO_4$ zu bewirken. Vielmehr ist dazu ein Überschuß des zuzusetzenden Ions erforderlich. Das erklärt man in folgender Weise. Auch so schwer lösliche Körper wie $BaSO_4$ sind nicht völlig unlöslich in Wasser. Sie bilden damit eine gesättigte Lösung, in der ein Gleichgewicht $Ba^{..} + SO_4'' \rightleftarrows BaSO_4$ vorhanden ist. Nach dem Massenwirkungsgesetz ist dann

$$\frac{[Ba^{..}] \times [SO_4'']}{[BaSO_4]} = \text{Konst.} \quad \text{oder} \quad [Ba^{..}] \times [SO_4'] = \text{Konst.} \times [BaSO_4],$$

denn bei bestimmter Temperatur ist auch Konst. $\times [BaSO_4]$ konstant.

Man nennt nun das Produkt der Konzentrationen beider **Ionen**, also $[Ba^{..}] \times [SO_4'']$ das **Löslichkeitsprodukt**, weil von seinem Werte die Löslichkeit des Fällungsproduktes in der Reaktionsflüssigkeit bedingt wird[1]).

Bei äquivalenten Mengen von $Ba^{..}$ und SO_4'' kann wegen des Gleichgewichts in der gesättigten Lösung völlige Ausfällung noch nicht erfolgen. Gibt man aber z. B. mehr $Ba^{..}$-Lösung zu, vergrößert man also die Konzentration dieses Ions, so muß, damit das Gleichgewicht erhalten bleibt, die Konzentration der SO_4-Ionen zurückgehen. Das kann dadurch geschehen, daß diese Ionen sich mit Ba-Ionen zu $BaSO_4$ vereinigen, das dann ausfällt, da die Lösung an $BaSO_4$ bereits gesättigt ist. Während bei der Fällung des schwer löslichen $BaSO_4$ nur ein geringer Überschuß von $Ba^{..}$ oder SO_4'' nötig ist, braucht man zur Fällung des leichter löslichen $PbSO_4$ mehr von dem Fällungsmittel. Analoge Betrachtungen gelten für die Ausscheidung von $BaCl_2$, $PbCl_2$ u. a. aus ihren Lösungen durch überschüssige Salzsäure.

Um völlige Ausfällung eines Niederschlags zu garantieren, muß das Löslichkeitsprodukt überschritten sein.

Der meist übliche Trennungsgang der metallischen Elemente auf nassem Wege beruht in erster Linie auf der verschiedenen Löslichkeit ihrer Sulfide in Wasser, Säuren und Alkalien. Man stellt diese Metallsulfide (meist MeS oder Me_2S_3) dar durch Einleiten von Schwefelwasserstoff oder durch Zusatz von Schwefelammonium zu den Metallösungen, wobei Ionenreaktionen im Sinne der Gleichungen:

$$Me^{..} + S'' = \mathbf{MeS} \quad (\text{oder } 2 Me^{...} + 3 S'' = \mathbf{Me_2S_3})$$

---

[1]) Wenn das Löslichkeitsprodukt in einer Flüssigkeit noch nicht erreicht ist, wirkt die Flüssigkeit lösend auf das Fällungsprodukt, ist es überschritten, so ist die Flüssigkeit in bezug auf das Fällungsprodukt übersättigt, es hat die Möglichkeit auszufallen.

stattfinden. In beiden Fällen ist die anfängliche Konzentration der S-Ionen eine verschiedene. Da H_2S an sich schon sehr wenig dissoziiert, und dazu noch in Wasser in geringer Menge löslich ist, so kann bei der geringen S-Ionenkenzontration beim Einleiten von H_2S auch anfangs nur wenig MeS gebildet werden und erst in dem Maße weiterentstehen, als S-Ionen aus H_2S-Molekülen nachgebildet werden. Darum geht die Fällung mit H_2S nur allmählich vor sich, wobei sich infolge der sukzessiven Dissoziation von H_2S-Molekülen die H-Ionen bis zur völligen Ausfällung stetig vermehren.

Während nun die Sulfide der H_2S- und $(NH_4)_2S$-Gruppe in Wasser durchweg unlöslich sind, zeigen sie H-Ionen, also Säuren, gegenüber ein verschiedenes Verhalten. Einige, wie HgS, sind in Mineralsäuren so gut wie unlöslich, andere, wie ZnS, MnS, lösen sich momentan darin auf und wieder andere lösen sich je nach der Konzentration der Säure teilweise auf und teilweise nicht. Diese letzteren Fälle faßt man als Gleichgewichtsreaktionen folgender Art:

$$MeS + 2\,H^\cdot \rightleftarrows Me^{\cdot\cdot} + H_2S$$

auf und ihr quantitativer Verlauf wird durch das Massenwirkungsgesetz (s. oben) geregelt. **Je weniger H-Ionen (Säure) vorhanden sind, desto weniger Metallsulfid kann zersetzt werden, desto mehr Metallsulfid kann beim Einleiten von H_2S ausfallen. Das gilt besonders für die Ausfällung des Cadmiums, und darum verdünnt man vor dem Einleiten von H_2S die Lösung, bis sie nicht viel mehr als 3% Säure enthält**, zumal ja der H-Ionengehalt sich während des Ausfällens stetig vermehrt.

Es gibt aber noch eine andere Methode, die Konzentration der H-Ionen zu verringern als die durch Verdünnung, nämlich den Zusatz von essigsaurem Natrium zu einer mineralsauren Flüssigkeit. Dabei findet folgende Reaktion statt:

$$H^\cdot + Na^\cdot + CH_3COO' = Na^\cdot + CH_3COOH\,.$$

Es bildet sich Essigsäure, die nur so wenig in Ionen gespalten ist, daß z. B. ZnS von den wenigen H-Ionen nicht merklich angegriffen wird. Darum fällt Zn aus essigsaurer Lösung beim Einleiten von H_2S aus. Mangan wird aber auch aus essigsaurer Lösung durch H_2S nicht gefällt, weil selbst die ganz geringen Mengen von H-Ionen genügen, um MnS zu zersetzen. Hier entfernt man durch Zusatz von wässerigem Ammoniak $(NH_4 \cdot OH)$ alle Wasserstoffionen, wodurch MnS beim Einleiten von H_2S [Bildung von $(NH_4)_2S$] ausfallen kann (ebenso natürlich ZnS). Damit sind wir zur Einwirkung von Schwefelammonium gekommen.

Schwefelammonium ist sehr viel stärker in $2\,NH_4^\cdot + S''$ dissoziiert als H_2S. Seine wässerige Lösung hat also von vornherein eine sehr erhebliche S-Ionenkonzentration und enthält keine H-Ionen. Darum fallen die Sulfide mit ihm viel geschwinder aus als mit H_2S.

Verhinderung von Fällungen. Aus Magnesiumsalzlösungen wird mit Ammoniak das Magnesium teilweise gefällt. Wir haben das Gleichgewicht $Mg^{..} + 2\,OH' \rightleftarrows MgO_2H_2$. Diese Fällung löst sich in Chlorammoniumlösung wieder auf. Setzt man von vornherein Chlorammonium zur Magnesiumsalzlösung, so wird auf Zusatz von Ammoniak gar kein Magnesium gefällt. Dies Verhalten benutzt man, um zu verhindern, daß beim Analysengang Magnesium schon im Schwefelammon- oder im Ammoniumcarbonatniederschlag mit ausfällt. Im wässerigen Ammoniak ist $NH_4 \cdot OH$ enthalten, das nur wenig dissoziiert ist. Wir haben $[NH_4{}'] \times [OH'] = \text{Konst.} \times [NH_4 \cdot OH]$. Setzt man nun Chlorammonlösung zu, so wird die Konzentration der NH_4-Ionen vermehrt, wobei sich die OH-Ionenkonzentration verringern muß, wenn das Gleichgewicht weiter bestehen soll. Da nun im wässerigen Ammoniak die OH-Ionenkonzentration sowieso schon gering ist, wird sie durch Zusatz von NH_4-Ionen rasch so weit herabgedrückt, daß Mg-Ionen nicht mehr genügend OH-Ionen finden, um als MgO_2H_2 gefällt zu werden.

Hydrolyse.

Das Wasser leitet den elektrischen Strom sehr wenig, ist also sehr wenig dissoziiert. Das Gleichgewicht $H_2O \rightleftarrows H^{.} + OH'$ resp. $H_2O \rightleftarrows 2\,H^{.} + O''$ ist also sehr zugunsten der linken Seite eingestellt. Bei gewöhnlicher Temperatur enthalten ca. 10 Millionen kg Wasser nur 18 g Ionen von $H^{.}$ und OH', bei höherer Temperatur nimmt die Dissoziation des Wassers zu und ist z. B. bei 50° schon 17 mal so groß als bei 0°, sie erreicht aber nie einen einigermaßen erheblichen Wert. Trotzdem spielen diese geringen Mengen von Ionen bei analytischen Reaktionen eine große Rolle. Sie verursachen die Erscheinung der Hydrolyse.

Wir haben gesehen, daß Ausgleich der Ladungen entgegengesetzter Ionen besonders leicht dann stattfinden, wenn sich aus ihnen wenig dissoziierende Verbindungen (H_2O, H_2S, CO_2, HCN, NH_4OH u. a.) bilden können. Das ist der Fall bei wässerigen Lösungen von 1. schwachen Säuren mit starken Basen ($CH_3 \cdot COONa$), 2. schwachen Basen mit starken Säuren (NH_4Cl), 3. schwachen Säuren mit schwachen Basen $[Al(OCOCH_3)_3]$ u. a.

KCN reagiert z. B. in wässeriger Lösung alkalisch, NH_4Cl sauer. Ersteres schickt CN-, letzteres NH_4-Ionen in Lösung, die sich mit den Ionen des Wassers $H^{.}$ und OH' größtenteils zu HCN und NH_4OH entladen. Dadurch werden im ersten Falle OH-, im zweiten H-Ionen frei, die die alkalische resp. saure Reaktion der Lösungen verursachen:

$$K^{\cdot} + CN' + H^{\cdot} + OH' = \mathbf{HCN} + K^{\cdot} + OH'$$
$$NH_4^{\cdot} + Cl' + H^{\cdot} + OH' = \mathbf{NH_4OH} + H^{\cdot} + Cl'.$$

Andere Beispiele für die Hydrolyse sind:

$$(BiCl)^{\cdot\cdot} + 2\,Cl' + 2\,H^{\cdot} + O'' = \mathbf{BiOCl} + 2\,H^{\cdot} + 2\,Cl'$$
$$(FeOCOCH_3)^{\cdot\cdot} + 2\,(CH_3COO)' + 2\,H^{\cdot} + 2\,OH' = 2\,CH_3COOH$$
$$+ Fe(OCOCH_3)(OH)_2.$$

Auf Hydrolyse beruht es ferner, daß im Schwefelammoniumniederschlag nicht Al_2S_3, sondern sein Hydrolysierungsprodukt AlO_3H_3 entsteht und ebenso bei der Einwirkung von $BaCO_3$ auf $AlCl_3$-Lösung.

Oxydation und Reduktion.

Oxydationen bestehen darin, daß entweder Sauerstoff oder andere negative Elemente (z. B. Cl) aufgenommen oder Wasserstoff abgegeben werden. Bei Reduktion ist es umgekehrt. Die der Oxydation oder Reduktion unterliegenden Elemente resp. Elementenkomplexe gehen bei der Oxydation und Reduktion aus einer niederen in eine höhere Wertigkeitsstufe über oder umgekehrt. Das entspricht in der Ionentheorie einer Änderung in der Ladungszahl:

Oxydation ⎫ von Ionen besteht in der ⎧ Vermehrung ⎫ der Zahl der positiven bzw. in ⎧ Verminderung ⎫ der Zahl der negativen Ladungen.
Reduktion ⎭ ⎩ Verminderung ⎭ ⎩ Vermehrung ⎭

Beispiele für Oxydationen: Beispiele für Reduktionen:

$$Fe^{\cdot\cdot} \rightarrow Fe^{\cdot\cdot\cdot} \qquad\qquad Fe^{\cdot\cdot\cdot} \rightarrow Fe^{\cdot\cdot}$$
$$Sn^{\cdot\cdot} \rightarrow Sn^{\cdot\cdot\cdot\cdot} \qquad\qquad Sn^{\cdot\cdot\cdot\cdot} \rightarrow Sn^{\cdot\cdot}$$
$$As^{\cdot\cdot\cdot} \rightarrow As^{\cdot\cdot\cdot\cdot\cdot} \qquad\qquad As^{\cdot\cdot\cdot\cdot\cdot} \rightarrow As^{\cdot\cdot\cdot}$$
$$2\,J' \rightarrow \mathbf{J_2} \qquad\qquad J_2 \rightarrow 2\,J'$$
$$S'' \rightarrow \mathbf{S} \qquad\qquad S \rightarrow S''$$
$$Fe(CN)_6'''' \rightarrow Fe(CN)_6''' \qquad\qquad Fe(CN)_6''' \rightarrow Fe(CN)_6''''$$
$$Mn^{\cdot\cdot} \rightarrow MnO_4'' \rightarrow MnO_4' \qquad\qquad MnO_4' \rightarrow MnO_4'' \rightarrow Mn^{\cdot\cdot}$$
$$Cr^{\cdot\cdot\cdot} \rightarrow CrO_4'' \rightarrow Cr_2O_7''. \qquad\qquad Cr_2O_7'' \text{ resp. } CrO_4'' \rightarrow Cr^{\cdot\cdot\cdot}.$$

An der Vermehrung und Verminderung der Zahl der positiven und negativen Ladungen beteiligen sich auch die neutralisierten Ladungen der oxydierenden Elemente, z. B. Chlor und Sauerstoff, die man dann auch schreibt Cl', O'''':

$$Fe^{\cdot\cdot} + 2\,Cl + Cl' = Fe^{\cdot\cdot\cdot} + 3\,Cl'$$
$$2\,Fe^{\cdot\cdot} + O'''' + H_2O = 2\,Fe^{\cdot\cdot\cdot} + 2\,OH'.$$

Verlag von **Julius Springer** in Berlin W 9

Chemie und chemische Technologie radioaktiver Stoffe.
Von Dr. **Ferdinand Henrich**, Professor an der Universität Erlangen. Mit 57 Textabbildungen und einer Übersicht. 1918.
Preis M. 15.—; gebunden M. 17.60

Anleitung zur qualitativen Analyse. Von Geh. Reg.-Rat Dr. **Ernst Schmidt**, Professor an der Universität Marburg. Achte Auflage. 1919.
Preis M. 5.—

Die Arzneimittel-Synthese auf Grundlage der Beziehungen zwischen **chemischem Aufbau und Wirkung.** Für Ärzte, Chemiker und Pharmazeuten. Von Dr. **Sigmund Fränkel**, a. o. Professor für medizinische Chemie an der Wiener Universität. Vierte, umgearbeitete Auflage. 1919.
Preis M. 68.—; gebunden M. 77.—

Qualitative Analyse auf präparativer Grundlage. Von Professor Dr. **W. Strecker**, Privatdozent an der Universität Greifswald. Mit 16 Textabbildungen. 1913.
Preis M. 5.—; gebunden M. 5.60

Praktikum der quantitativen anorganischen Analyse.
Von **Alfred Stock** und **Arthur Stähler**. Zweite, veränderte Auflage. Mit 36 Textabbildungen. 1918.
Gebunden Preis M. 7.60

Einführung in die Chemie. Ein Lehr- und Experimentierbuch von **Rudolf Ochs**. Mit 218 Textabbildungen und einer Spektraltafel. 1911.
Preis M. 6.—

Lehrbuch der analytischen Chemie. Von Dr. **H. Wölbling**, Dozent und etatsmäßiger Chemiker an der Bergakademie zu Berlin. Mit 83 Textabbildungen und einer Löslichkeitstabelle. 1911. Preis M. 8.—; gebunden M. 9.—

Grundriß der anorganischen Chemie. Von **F. Swarts**, Professor an der Universität Gent. Autorisierte deutsche Ausgabe von Dr. **Walter Cronheim**, Privatdozent an der Landwirtschaftlichen Hochschule zu Berlin. Mit 82 Textabbildungen. 1911.
Preis M. 14.—; gebunden M. 15.—

Stereochemie. Von **A. W. Stewart**. Deutsche Bearbeitung von Dr. **Karl Löffler**, Privatdozent an der Universität zu Breslau. Mit 87 Textabbildungen. 1908.
Preis M. 12.—; gebunden M. 14.50

Lehrbuch der Thermochemie und Thermodynamik. Von Professor Dr. **Otto Sackur**, Privatdozent an der Universität Breslau. Mit 46 Abbildungen im Text. 1912.
Preis M. 12.—; gebunden M. 13.—

Praktikum der Elektrochemie. Von Professor Dr. **Franz Fischer**, Vorstand des elektrochemischen Laboratoriums der Technischen Hochschule Berlin. Mit 40 Textabbildungen. 1912.
Gebunden Preis M. 5.—

Grundzüge der Elektrochemie auf experimenteller Basis. Von Dr. **Robert Lüpke**. Fünfte, neubearbeitete Auflage von Professor Dr. **E. Bose**, Dozent für physikalische Chemie und Elektrochemie an der Technischen Hochschule Danzig. Mit 80 Textabbildungen und 24 Tabellen. 1907.
Gebunden Preis M. 6.—

Hierzu Teuerungszuschläge

MIX
Papier aus verantwortungsvollen Quellen
Paper from responsible sources
FSC® C105338

If you have any concerns about our products,
you can contact us on
ProductSafety@springernature.com

In case Publisher is established outside the EU,
the EU authorized representative is:
**Springer Nature Customer Service Center GmbH
Europaplatz 3, 69115 Heidelberg, Germany**

Printed by Libri Plureos GmbH
in Hamburg, Germany